로빈슨의 제로섬게임부터 플래너리의 알고리즘까지

달콤한 수학사 5

달콤한 수학사 5

로빈슨의 제로섬게임부터 플래너리의 알고리즘까지

ⓒ 마이클 J. 브래들리, 2017

초 판 1쇄 발행일 2007년 8월 24일
개정판 1쇄 발행일 2017년 8월 24일

지은이 마이클 J. 브래들리
옮긴이 오혜정 **삽화** 백정현
펴낸이 김지영 **펴낸곳** 지브레인Gbrain
편집 김현주
마케팅 조명구 **제작 · 관리** 김동영

출판등록 2001년 7월 3일 제2005-000022호
주소 04021 서울시 마포구 월드컵로 7길 88 2층
          (지번주소 합정동 433-48)
전화 (02)2648-7224 **팩스** (02)2654-7696
지브레인 블로그 blog.naver.com/inu002

ISBN 978-89-5979-471-3 (04410)
      978-89-5979-472-0 (04410) SET

• 책값은 뒷표지에 있습니다.
• 잘못된 책은 교환해 드립니다.

로빈슨의 제로섬게임부터 플래너리의 알고리즘까지

달콤한 수학사

마이클 J. 브래들리 지음 | **오혜정** 옮김

5

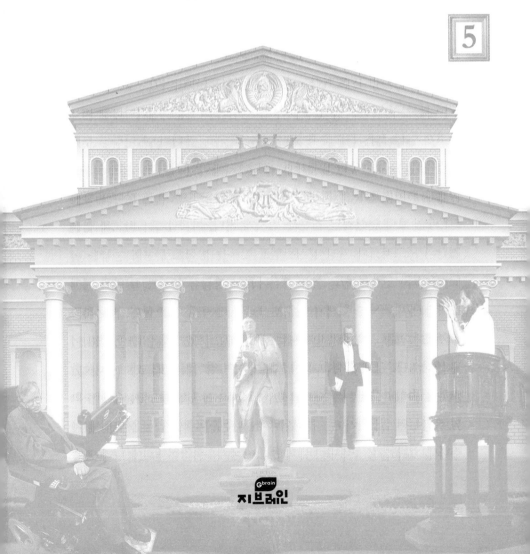

지브레인

최근 국제수학연맹(IMU)은 우리나라의 국가 등급을 'II'에서 'IV'로 조정했다. IMU 역사상 이처럼 한꺼번에 두 단계나 상향 조정된 것은 처음 있는 일이라고 한다. IMU의 최상위 국가등급인 V에는 G8국가와 이스라엘, 중국 등 10개국이 포진해 있고, 우리나라를 비롯한 8개국은 그룹 IV에 속해 있다. 이에 근거해 본다면 한 나라의 수학 실력은 그 나라의 국력에 비례한다고 해도 과언이 아니다.

그러나 한편으로는 '진정한 수학 강국이 되려면 어떤 것이 필요한가?'라는 보다 근본적인 질문을 던지게 된다. 이제까지는 비교적 짧은 기간의 프로젝트와 외형적 시스템을 갖추는 방식으로 수학 등급을 올릴 수 있었는지 몰라도 소위 선진국들이 자리잡고 있는 10위권 내에 진입하기 위해서는 현재의 방식만으로는 쉽지 않다고 본다. 왜냐하면 수학 강국이라고 일컬어지는 나라들이 가지고 있는 것은 '수학 문화'이기 때문이다. 즉, 수학적으로 사고하는 것이 일상화되고, 자국이 배출한 수학자들의 업적을 다양하게 조명하고 기리는 등 그들 문화 속에 수학이 녹아들어 있는 것이다. 우리나라가 세계 수학계에서 높은 순위를 차지하고 있다든가, 우리나라의 학생들이 국제수학경시대회에 나가 훌륭한 성적을 내고 있는 것을 자랑하기 이전에 우리가 살펴보아야 하는 것은 우리나라에 '수학 문화'가 있느냐는 것이다. 수학 경시대회에서 좋은 성적을 낸다고 해서 반드시 좋은 학자가 되는 것은 아니기 때문이다.

학자로서 요구되는 창의성은 문화와 무관할 수 없다. 그리고 대학 입학시험에서 평균 수학 점수가 올라간다고 수학이 강해지는 것은 아니다. '수학 문화'라는 인프라가 구축되지 않고서는 수학이 강한 나라가 될 수 없다는 것은 필자만의 생각은 아닐 것이다. 수학이 가지고 있는 학문적 가치와 응용 가능성을 외면하고, 수학을 단순히 입시를 위한 방편이나 특별한 기호를 사용하는 사람들의 전유물로 인식하는 한 진정한 수학 강국이 되기는 어려울 것이다. 식물이 자랄 수 없는 돌로 가득 찬 밭이 아닌 '수학 문화'라는 비옥한 토양이 형성되어 있어야 수학이라는 나무는 지속적으로 꽃을 피우고 열매를 맺을 수 있다.

이 책의 원제목은 《수학의 개척자들》이다. 수학 역사상 인상적인 업적을 남긴 50인을 선정하여 그들의 삶과 업적을 시대별로 정리하여 한 권당 10명씩 소개하고 있다. 중·고등학생들을 염두에 두고 집필했기에 내용이 난삽하지 않고 아주 잘 요약되어 있으며, 또한 각 수학자의 업적을 알기 쉽게 평가하고 설명하고 있다. 또한 각 권 앞머리에 전체 내용을 개관하여 흐름을 쉽게 파악하도록 돕고 있으며, 역사상 위대한 수학적 업적을 성취한 대부분의 수학자를 설명하고 있다. 특히 여성 수학자를 적절하게 배려하고 있다는 점이 특징이다. 일반적으로 여성은 수학적 능력이 남성보다 떨어진다는 편견 때문에 수학은 상대적으로 여성과 거리가 먼 학문으로 인식되어왔다. 따라서 여성 수학자를 강조하여 소개한 것은 자라나는 여학생들에게 수학에 대한 친근감과 도전정신을 가지게 하리라 생각한다.

어떤 학문의 정체성을 파악하려면 그 학문의 역사와 배경을 철저히 이해하는 일이 필요하다고 본다. 수학도 예외는 아니다. 흔히 수학은 주어진 문제만 잘 풀면 그만이라고 생각하는 사람도 있는데, 이는 수학이라는 학문적 성격을 제대로 이해하지 못한 결과이다. 수학은 인간이 만든 가장 오래된 학문의 하나이고 논리적이고 엄밀한 학문의 대명사이다. 인간은 자연현상이나 사회현상을 수학이라는 언어를 통해 효과적으로 기술하여 직면한 문제를 해결해 왔다. 수학은 어느 순간 갑자기 생겨난 것이 아니고 많은 수학자들의 창의적 작업과 적지 않은 시행착오를 거쳐 오늘날에 이르게 되었다. 이 과정을 아는 사람은 수학에 대한 이해의 폭과 깊이가 현저하게 넓어지고 깊어진다.

수학의 역사를 이해하는 것이 문제 해결에 얼마나 유용한지 알려 주는 이야기가 있다. 국제적인 명성을 떨치고 있는 한 수학자는 연구가 난관에 직면할 때마다 그 연구가 이루어진 역사를 추적하여 새로운 진전이 있기 전후에 이루어진 과정을 살펴 아이디어를 얻는다고 한다.

　수학은 언어적인 학문이다. 수학을 잘 안다는 것은, 어휘력이 풍부하면 어떤 상황이나 심적 상태에 대해 정교한 표현이 가능한 것과 마찬가지로 자연 및 사회현상을 효과적으로 드러내는 데 유용하다. 그러한 수학이 왜, 어떻게, 누구에 의해 발전되어왔는지 안다면 수학은 훨씬 더 재미있어질 것이다.

　이런 의미에서 이 책이 제대로 읽혀진다면, 독자들에게 수학에 대한 흥미와 지적 안목을 넓혀 주고, 우리나라의 '수학 문화'라는 토양에 한 줌의 비료가 될 수 있을 것이라고 기대한다.

박 창 균

(서경대 철학과 교수, 한국수학사학회 부회장, 대한수리논리학회장)

수학 교사로서 나는 수학을 잘 가르치고 있는가 하는 생각을 종종 하곤 한다. 단순히 정의와 공식을 알려주고 예제를 통해 풀이 방식을 숙달시키는 수업을 반복하면서 아이들과 마찬가지로 교사인 나도 지루하고 재미없음을 느꼈던 탓이다. 삶과 단절된 수학, 즐길 수 없는 수학, 그런 수학을 왜 배워야 하지?

어설프게라도 무언가를 이야기할 수 있어야 하지 않을까 해서 한동안 닥치는 대로 책을 읽고 생활 속에서 활용되는 수학을 찾으려 무던히 애를 썼던 것 같다. 소수를 이용한 암호, 포물면을 이용한 전조등, 수의 성질을 이용한 바코드, 육각형 모양의 벌집, 원기둥 모양의 컵 등등……. 이렇게 찾아낸 내용들은 다분히 단편적인 것이었고 교과서 내용과 연결 짓기 어려운 것도 있어 아이들에게는 흥밋거리에 불과한 경우가 있었다. 내 의문에 대한 답변으로는 너무나 부족했던 것이다.

이러한 때에 여러 가지 수학 관련 책을 읽으면서 수학사의 가치를 알게 되었다. 수학사는 수학의 역사이면서 동시에 인류 역사와 같은 흐름을 가지고 있다는 것도 알았다. 때문에 수학사는 단순히 수학의 발달사만을 담고 있지 않고, 인간의 삶과 수학이 더불어 성장해오고 있다는 것을 보여 주고 있다. 수학사에 담긴 수학은 인류의 생활을 끌어 주고 받쳐 주는 역동적인 모습으로 인류사와 뒤섞여 있었던 것이다. 수학사 안에 내 의문에 대한 답이 있었다.

번역을 하면서는 내가 아이들에게 무언가를 이야기하고 있다는 생각을 했다. 이 책에서는 고대에서부터 13세기에 이르기까지 저자가 구성한 대표적인 수학자 10명의 생애와 업적은 단지 한 개인의 삶만을 소개하고 있지 않다. 단 10명에 불과하지만 이들이 만들어낸 수학 세계는 인류의 문명과 문화를 변화시키고 이성을 발전시키는 데 핵심 역할을 해 왔다는 것을 여실히 보여주고 있다.

고대 그리스 수학자인 탈레스는 수학을 이용하여 신화적 사고에서 벗어나 과학적 사고를 하게 되었으며, 인류 최고의 산물인 인도-아라비아 숫자는 로마 숫자로 지루하고 복잡하여 제한된 계산을 하던 유럽인들의 생활을 변화시켰다. 또 유클리드 기하학의 형식과 절차는 철학자나 정치가들에게 필요한 합리적인 이성의 힘의 원천이 되었으며, 대부분의 수학자들은 수학과 천문학, 수학과 물리학을 결합하여 또 다른 지식을 생산해내고 이것은 바로 인류의 발전으로 연결되었다. 소소하게는 피라미드의 높이를 재고, 도르래나 지레의 발견, 달력 개량 등을 통해 생활의 편리를 추구하기도 했다.

한편 수학사는 우리의 교육 과정과도 잘 연결시킬 수 있는 장점이 있다. 교과서의 내용은 현대 수학보다는 오히려 고대나 중세의 수학에 대한 내용이 많다. 그러나 고대나 중세의 수학이라고 해서 과거의 사실로만 존재하지는 않는다. 고대나 중세에 피타고라스가 분류한 수나 유클리드 기하학, 대수학이나 수론의 일부 내용은 여전히 현대 수학의 연구 주제로 남아 있고, 그 내용을 바탕으로 현대 수학이 우뚝 설 수 있었기 때문이다.

아직도 어설픔을 완전히 떨치지는 못했지만 조금씩 아이들에게 무언가를 이야기할 수 있을 것 같다. 생활 속의 수학을 힘들여 억지스럽게 찾을 필요도 없어졌다. 예컨대 굳이 포물면의 특성을 이용한 전조등 이야기를 하지 않더라도 피타고라스의 생애와 업적에서 등장한 수학과 그의 삶의 모습은 이미 수학이 인간의 삶과 단절된 것이 아님을 보여주고 있기 때문이다.

수학자의 생애와 업적을 통해 수학사를 다루고 있는 이 책은 독자들에게 단순히 수학 지식을 전달하지만은 않을 것이다. 아마도 독자들은 이 책을 읽고 나서 수학의 필요성을 절실히 느낄 것이며, 더불어 수학에 대한 매력을 가지게 되리라고 기대해 본다.

오혜정 (수원 태장고 교사)

수학에 등장하는 숫자, 방정식, 공식, 등식 등에는 세계적으로 수학이란 학문의 지평을 넓힌 사람들의 이야기가 숨어 있다. 그들 중에는 수학적 재능이 뒤늦게 꽃핀 사람도 있고, 어린 시절부터 신동으로 각광받은 사람도 있다. 또한 가난한 사람이 있었는가 하면 부자인 사람도 있었으며, 엘리트 코스를 밟은 사람도 있고 독학으로 공부한 사람도 있었다. 직업도 교수, 사무직 근로자, 농부, 엔지니어, 천문학자, 간호사, 철학자 등으로 다양했다.

〈달콤한 수학사〉는 그 많은 사람들 중 수학의 발전과 진보에 큰 역할을 한 50명을 기록한 5권의 시리즈이다. 그저 유명하고 주목할 만한 대표 수학자 50명이 아닌, 많은 도전과 장애물을 극복하고 수학에 중요한 공헌을 한 수학자 50명의 삶과 업적에 대한 이야기를 담고 있다. 그들은 새로운 기법과 혁신적인 아이디어를 떠올리고, 이미 알려진 수학적 정리들을 확장시켜 온 수많은 수학자들을 대표한다.

이들은 세계를 숫자와 패턴, 방정식으로 이해하고자 했던 사람들이라고도 할 수 있다. 이들은 수백 년간 수학자들을 괴롭힌 문제들을 해결하기도 했으며, 수학사에 새 장을 열기도 했다. 이들의 저서들은 수백

년간 수학 교육에 영향을 미쳤으며 몇몇은 자신이 속한 인종, 성별, 국적에서 수학적 개념을 처음으로 도입한 사람으로 기록되고 있다. 그들은 후손들이 더욱 진보할 수 있게 기틀을 세운 사람들인 것이다.

수학은 '인간의 노력적 산물'이라고 할 수 있다. 수학의 기초에 해당하는 십진법부터 대수, 미적분학, 컴퓨터의 개발에 이르기까지 수학에서 가장 중요한 개념들은 많은 사람들의 공헌에 의해 점진적으로 이루어져 왔기 때문이다. 그러한 개념들은 다른 시공간, 다른 문명들 속에서 각각 독립적으로 발전해 왔다. 그런데 동일한 문명 내에서 중요한 발견을 한 학자의 이름이 때로는 그 후에 등장한 수학자의 저술 속에서 개념이 통합되는 바람에 종종 잊혀질 때가 있다. 그래서 가끔은 어떤 특정한 정리나 개념을 처음 도입한 사람이 정확히 밝혀지지 않기도 한다. 따라서

1권 《탈레스의 증명부터 피보나치의 수열까지》는 기원전 700년부터 서기 1300년까지의 기간 중 고대 그리스, 인도, 아라비아 및 중세 이탈리아에서 살았던 수학자들을 기록하고 있고, 2권 《알카시의 소수값부터 배네커의 책력까지》는 14세기부터 18세기까지 이란, 프랑스, 영국, 독일, 스위스와 미국에서 활동한 수학자들의 이야기를 담고 있다. 3권 《제르맹의 정리부터 푸앵카레의 카오스 이론까지》는 19세기 유럽 각국에서 활동한 수학자들의 이야기를 다루고 있으며, 4·5권인 《힐베르트의 기하학부터 에르되시의 정수론까지》와 《로빈슨의 제로섬게임부터 플래너리의 알고리즘까지》는 20세기에 활동한 세계 각국의 수학자들을 소개하고 있다.

수학은 전적으로 몇몇 수학자들의 결과물이라고는 할 수 없다.

진정 수학은 '인간의 노력적 산물'이라고 하는 것이 옳은 표현일 것이다. 이 책의 주인공들은 그 수많은 위대한 인간들 중의 일부이다.

〈로빈슨의 제로섬게임부터 플래너리의 알고리즘까지〉는 〈달콤한 수학사〉 시리즈 다섯 번째 권으로, 20세기 후반에 활약한 10명의 수학자들의 삶을 소개한다. 그들은 공통적으로 수학계가 매우 다양화되고, 미국이 수학 연구의 중심으로 떠오른 이 시대에 국제수학계에서 활약한 사람들이다. 이 시기에는 오랫동안 미결로 남아 있던 많은 문제의 답이 입증되었고, 순수 · 응용수학 양쪽에서 중요한 발달이 이루어졌으며, 중요한 기술을 발전시킨 새로운 수학적 아이디어들이 나타나기 시작했다.

이 책에 소개된 수학자들은 수학계에 증가하고 있는 다양성을 잘 보여 준다. 오늘날 수학적 지식은 모든 국가, 인종, 민족성, 성별을 막론하고 개인적인 재능에 의존한다. 미국, 영국, 홍콩, 대만, 벨기에, 아일랜드 출신의 이 특별한 사람들은 광범위한 국제학자 집단을 대표한다.

20세기 후반에 미국은 국제수학계에서 그 역할이 두드러지고 있다. 뉴저지에 있는 프린스턴 고등연구소는 광대한 공동연구를 위해 세계 최고의 수학자들을 초빙하면서 세계를 주도하는 연구기관이 되었다. 많은 미국 대학과 뉴저지의 벨 연구소와 같이 산업 현장에 설립된 연구단체들은 세계 도처에 있는 우수한 학자들을 모아 재능 있는 젊은이들의 지적 발달에 도움을 주었다. 이 책에 소개된 10명의 수학자 중 세 명만이 미국 태생이며, 8명의 수학자가 미국의 연구기관에서 삶의 대부분을 영위해 가고 있다.

이들 수학자 중 몇몇은 수 년 동안 해결이 어려웠던 문제를 풀었다. 20년 넘게 줄리아 로빈슨의 디오판토스 방정식에 대한 연구 결과는 힐베르트의 열 번째 문제를 해결하는 데 큰 기여를 했다. 싱퉁 야우는 기하적인 표면의 성질에 대한 칼라비 추측을 풀었고, 미분기하의 많은 미해결 문제를 해결했다. 이 세기의 가장 유명한 수학적 성취 중 하나는 앤드류 와일즈가 300년 이상 해결되지 않고 남아 있던 문제인 페르마의 마지막 정리를 증명한 것이다.

20세기 수학자들은 순수·응용수학에서 중요한 발견을 이루었다. 존 H. 콘웨이는 모든 유한군의 분류를 완전하게 했고, 인생 게임을 발명했으며, 다른 전략 게임의 광범위한 수학적 분석을 수행했다. 어니스트 윌킨스 주니어는 핵반응에서 만들어지는 감마선의 영향을 막기 위하여 방사선 차폐에 관한 기술을 개발했다. 스티븐 호킹은 블랙홀에 대한 수학적 기초를 수립했고, 수학 물리학에 진보된 이론을 수립했다. 존 내쉬는 협동게임과 비협동게임에 관한 내쉬 균형의 도입으로 경제학 분야에서 노벨상을 받았다.

수학에서 이루어진 진보는 전자 시대의 기술적인 발달을 가능하게 했다. 판 충은 휴대폰 통화에 관련된 암호화·복호화 알고리즘을 개발했고, 인터넷을 형성하는 컴퓨터 통신망의 수학적인 구조의 양상을 분석했다. 도비치 웨이블릿에 관한 잉그리드 도비치의 개발은 지문 분석, 컴퓨터 애니메이션, 의학 화상^{imaging}에 관한 기술을 처리하는 새로운 이미지로 이끌었다. 사라 플래너리는 코드화된 메시지들을 안전하고 효율적으로 전달하는 새로운 암호법을 발달시켰다.

이 책에 소개된 10명의 수학자들은 세계적으로 지식수준을 높이는 중대한 수학적 발견을 이룩한 수천 명의 수학자들을 대표한다. 그들의 이야기는 몇몇 수학 선구자들의 삶과 정신을 섬광처럼 엿보게끔 기회를 우리에게 제공할 것이다.

차 례

힐베르트의 열 번째 문제 해결의 일등공신

줄리아 로빈슨

Julia Robinson
(1919~1985)

줄리아 로빈슨은 로빈슨 가설을 공식화하였으며,
힐베르트의 열 번째 문제의 해결에 필요한
디오판토스 지수방정식에 관한 핵심이론을 증명했다

수론과 수리 논리학의 권위자

줄리아 로빈슨은 수리 논리와 수론에서 중요한 발견을 했다. 그녀가 환과 체에서의 결정문제들에 관하여 증명한 이론들은 수리 논리에서 새로운 이론을 세우는 데 발판이 되었다. 그녀는 수론에서 로빈슨 가설을 형식화하고, 디오판토스 지수방정식에 대한 핵심이론을 증명하였는데, 이것은 힐베르트의 열 번째 문제의 해결에 직접적인 영향을 미쳤다. 또 국제과학아카데미에 선출된 첫 번째 여성 수학자이며, 미국 수학협회의 회장을 역임했고, 수학에 공헌한 사람에게 주는 맥아더 장학재단상을 받았다.

수학에 매료된 소녀

줄리아 홀 바우먼은 1919년 12월 8일 미주리 주 세인트루이스에서 공구 및 설비 사업을 하시는 아버지 랄프 바우어 바우먼과 상업 대학을 졸업한 어머니 헬렌 홀 바우먼 사이에서 태어났다. 1922년 어머니가 돌아가시자 줄리아와 언니 콘스탄스는 아리조나 주 피닉스 근처의 작고 황량한 지역에 위치한 할머니 댁에서 살게 되었다. 온 가족이 모여 살게 된 것은 재혼을 하신 아버지가 1년 후 사업을 정리하고, 아리조나로 이사를 오면서부터이다. 1925년 가족들은 캘리포니아 주 포인트 로마로 이주하였으며, 줄리아는 9살까지 그 지역의 초등학교에 다녔다. 10살 때 걸린 성홍열과 류머티스열, 무도병으로 인해 줄리아는 2년 동안을 병상에 누워 지내야 했다. 2년 후 건강을 되찾은 줄리아는 1주일에 3일씩 오전에 가정교사와 함께 공부하면서 1년 만에 5단계에서 8단계까지의 국가 교육과정을 마쳤다.

줄리아는 취미로 권총과 소총 쏘기, 승마, 그림 그리기를 배우기도 했다. 한편 고등학교와 대학교를 다니면서 수학에 큰 관심을 갖게 되어 1936년 샌디에이고 고등학교를 졸업할 때는 여러 과학 과목에서 우수한 성적을 받았다. 그중에서 수학, 생물학, 물리학에서는 상을 받기도 했다. 16세에 샌디에이고 주립대학에 입학한 줄리아는 수학 교사 자격증을 따기로 마음먹었다. 수학사 강의를 듣는 동안 에릭 템플 벨이 쓴 《수학을 만든 사람들》을 읽고 수학 연구에 매료된 그녀는 평소 관심이 많았던 수론을 더 깊이 있게 파고들었다. 대학 4학년이 되면서 그녀는 수학자가 되기로 마음을 굳히고 버클리의 캘리포니아 대학교로 학교를 옮겼다.

버클리에서 줄리아는 수학과 학생들과 교수들이 회원으로 있는 규모가 큰 수학과 모임의 회원이 되었다. 그녀는 1940년 수학으로 학사학위를 받은 후에 대학원에 입학하였으며, 거기에서 수학회의 명예회원이 되었다. 대학원에 입학한 첫 1년 동안 그녀는 버클리 통계연구소의 러시아 통계학자 저지 네이먼을 도와 실험조교로 지내면서 1941년에 수학과 석사과정을 마쳤다. 이후 바로 통계학자가 되기 위하여 치른 공무원 시험에 합격한 줄리아는 워싱턴에서 야간당직 업무를 지원하였으나 거절당했다. 그녀는 대신 대학원을 계속 다니기로 결정하고 등록을 했다. 대학원에서 강의를 듣는 2년째에 기초통계학을 가르칠 수 있는 조교 자격증을 땄다. 1941년 12월 그녀는 버클리에서 대학원 첫 1년 동안 수론을 강의했던 라파엘 로빈슨 교수와 결혼했다. 대학교 규정에 따르면 부부가 같은 과에서 지도를 할 수 없도록 되어 있어 그녀는 제2차 세계대전이 벌어지는 동안 수학과 대학원 강의를 들으면서 버클리 통계연구소에서 연구조교로 군사 프로젝트를 수행했다. 줄리아는 통계연구소에서 수행한 연구 결과를 정리하여 1948년에 처음으로 캘리포니아 대학교 수학 발행물에 〈정확한 순차적 분석에 관한 소고〉라는 제목으로 논문을 실었다. 이 논문에서 수열의 통계적 분석을 주제로 한 연구 결과에 대하여 새로운 증명을 제시했다.

산술계산에서의 결정문제

1946~1947년 남편 로빈슨이 뉴저지의 프린스턴 대학교에서 초빙교수로 재직하는 동안 줄리아는 같은 대학교에서 공부하면서 수리 논리

학 분야의 주제인 형식적인 가정과 결론, 추상 구조에 대한 모순이 없는 추론 등에 관심을 갖게 되었다. 1947년 버클리로 돌아온 줄리아는 폴란드 논리학자 알프레드 타르스키의 지도 아래 박사과정을 시작했다. 1948년 6월 그녀는 박사학위를 받았으며 그 이듬해에 〈기호논리학 저널〉에 학위논문 〈산술계산에서 정의 가능성과 결정문제〉를 실었다. 결정문제는 참과 거짓으로만 답할 수 있는 물음 Q에 대하여 유한 번의 조작과정을 거쳐 Q에 대한 답변을 얻을 때 이 방법을 Q에 대한 결정절차 또는 결정연산이라 하고, 결정절차를 발견할 수 있는 문제를 Q에 대한 결정문제라고 한다. 이 논문은 타르스키와 모라비아 태생 미국 논리학자 괴델의 연구를 확장시킨 것이었다. 1931년 괴델은 자연수의 산술계산에 대한 결정 불가능성 정리에서 덧셈 및 곱셈, 기초논리, 양의 정수를 나타내는 변수들과 관련된 모든 명제에 대하여 그 명제들이 참임을 판단할 수 있는 알고리즘이 단 한 개도 없다는 것을 증명했다.

1939년 타르스키는 실수에 대해서는 위의 명제들에 대하여 그 진리를 파악할 수 있는 알고리즘이 있다는 것을 증명함으로써 실수의 산술계산은 결정 가능하다는 것을 밝혔다. 줄리아 로빈슨은 학위논문에서 유리수를 포함하고 있는 모든 방정식이 유한 개의 단계들로 되어있는 알고리즘에 의해 정수를 포함한 방정식으로 바뀔 수 있다는 것을 설명함으로써 유리수의 산술계산이 결정 불가능하다는 것을 증명했다. 현재까지 많은 수학자들이 이 문제에 대한 연구를 계속해오고 있지만, 유리수에 대한 산술계산이 기초적인 수론에 관한 모든 문제를 형식화할 수 있다는 것과 유리수체가 알고리즘적으로 해결될 수 없다는 줄리아 로빈슨의 주장보다 진전된 연구 결과를 제시하지 못하고 있다.

이후 몇 년에 걸쳐, 줄리아 로빈슨은 수리 논리학의 결정문제에 대한 연구를 진행하면서 3개의 논문을 추가로 발표했다. 1959년 미국 수학회의 회보에 실은 논문 '대수적 환과 체의 결정 불가능성'은 학위논문의 연구 결과를 환과 체로 알려진 보다 일반적인 수학적 구조에 대한 결정문제로 확장시킨 것이었다. 1962년에는 책《폴야를 기리는 평론: 수학적 해석과 관련된 주제에 대한 연구》에 논문 〈대수적 환에 대한 결정문제에 대하여〉를 발표하였는데, 그 논문에 그녀는 대수적 수에 대한 여러 가지 체의 정수환이 결정 불가능하다는 것을 밝혔다. 1963년 버클리에서 개최한 국제 심포지엄에서 그녀는 〈환과 체에서의 결정 가능성과 결정문제〉을 발표하였으며, 이 논문은 1965년에 출간한 전공논문집 〈모형이론〉에 실렸다. 이 연구 결과를 참고로 하여 다른 수학자들이 임의의 체에 대한 결정문제는 해결할 수 없다고 밝힐 수 있었다.

2인 제로섬게임에 대한 전략 연구

1949년에서 1950년까지 줄리아 로빈슨은 캘리포니아 산타모니카에 있는 민간연구단체인 랜드 연구소에서 연구를 진행하였는데, 연구원 중 연령이 적은 편에 속했다. 그곳에서 그녀는 두 명이 게임을 할 경우, 한 사람의 이익이 다른 사람에게 손실을 줌으로써 두 참가자의 득실이 항상 같아서 합하면 0이 되는 상황에서 두 명의 선택을 다루는 유한 2인 제로섬게임 전략에 대하여 연구했다. 이때 '제로섬$^{zero-sum}$'은 서로 상반되는 이해를 가지는 2인 게임의 경우, 한쪽의 이익은 상대방의 손실을 가져오게 되어 두 경쟁자의 득실^{得失}을 합하면 항상 0^{zero}이 된다는 의미에서 나온 말이다. 그녀는 각 경기자가 그때까지의 상대방의 모든 행동에 대응하기 위하여 최적의 전략을 활용하는 '가상게임' 문제의 값을 구하기 위한 반복적인 해법을 개발했다. 1951년 수학회 연보에 실은 논문 〈게임 문제를 해결하기 위한 반복적인 방법〉에서 그녀는 경기 횟수가 많아질수록 두 참가자의 이익이 게임의 값에 가까워진다는 것을 증명했다. 이 수학 분야에 대한 연구 결과를 유일하게 정리한 이 논문은 50년 넘게 게임이론에서 중요한 역할을 했다.

1950년대 내내 줄리아는 자신의 주 연구 분야와 관련이 없는 분야에도 계속 관심을 두었다. 1951년과 1952년에는 정지해 있거나 또는 운동하고 있는 유체의 성질을 다루는 연구 분야인 유체역학에 대한 연구

를 수행하는 해군 연구소로부터 연구보조금을 받으면서 동시에 스탠포드 대학에서 응용수학자로 연구를 수행했다. 그녀는 캘리포니아 주립 대학의 총장이 모든 직원들에게 반체제 운동을 하지 않겠다는 충성 선서에 서명하라고 요구했을 때 이 요구를 거부하여 직장을 잃게 된 교직원들을 지원하기 위해 노력하기도 했다. 그녀는 일리노이 주지사 애들레이 스티븐슨이 참패한 1952년과 1956년의 대통령 선거운동을 적극적으로 지원하면서 민주당 정치운동에 깊이 관여하게 되었다. 1958년에는 주 회계감사원장으로 선출된 알랜 크랜스톤을 위하여 선거운동을 총감독하기도 했다.

힐베르트의 열 번째 문제

다양한 관심사들을 추구하면서 줄리아 로빈슨은 양의 정수에 대한 성질을 다루는 수론 분야의 연구를 계속 진행했다. 수학 연구에 있어서 그녀가 가장 많은 관심을 기울인 핵심 분야는 디오판토스 해석학에 관한 것으로, 이것은 정수계수 다항방정식의 정수해를 구하는 방법을 다루는 수론의 한 분야이다. 디오판토스 방정식은 정수를 해로 갖는 다항방정식이다. 디오판토스 방정식은 식에 나타난 변수의 개수가 주어진 방정식의 개수보다 많으며, 이 방정식을 푼다는 것은 주어진 여러 방정식을 모두 만족시키는 정수해를 구하는 것을 말한다. 고대 그리스 수학자 디오판토스가 이와 같은 방정식을 처음 연구했으며, 이 디오판토스 방정식에 대한 연구가 이어져 현재의 디오판토스 해석학이 만들어졌다. 1900년 독일 수학자 힐베르트는 파리에서 열린 국제수학자회의에서 수학의 발전을 위하여 20세기에 풀어야 할 가장 중요하다고 간주되는 23개의 문제를 제시했다. 그중에서 열 번째 문제는 주어진 디오판토스 방정식이 임의의 정수해를 가지고 있는지를 결정하는 알고리즘을 찾는 것이었다. 줄리아 로빈슨은 1948년 힐베르트의 열 번째 문제에 대한 연구를 시작할 때부터 1976년 그 주제에 대한 마지막 논문을 발표할 때까지 이 문제의 해결에 필요한 중요한 것들을 발견했다.

줄리아가 힐베르트 열 번째 문제의 풀이에 대하여 처음에 시도한 연구 내용은 재귀함수에 관한 것으로, 재귀함수는 양의 정수 각각에 대한 함숫값이 보다 작은 양의 정수의 함숫값에 의해 정의되는 함수를 말한다. 이 연구 결과를 정리하여 그녀는 1950년 하버드 대학에서 개최된 국제수학자회의에서 〈일반적인 재귀함수〉라는 제목으로 짧게 발표하고, 얼마 후에는 미국 수학회 회보에 이 논문을 실었다. 이 논문에서는 일반적인 모든 1변수 재귀함수가 배치연산과 나중에 회귀라고 불리게 되는 반전연산을 두 개의 특수한 원시재귀함수에 적용함으로써 얻어질 수 있다는 것을 증명했다. 이후 그녀는 재귀함수에 대한 더 많은 성질들을 발견했다.

1952년 발표한 논문 〈산술계산에서 존재에 대한 정의 가능성〉에서 그녀는 존재에 대한 정의 가능성과 지수함수에 대하여 몇몇 중요한 정리를 증명했다. 양의 정수 집합에 대하여 해결이 가능한 디오판토스 방정식의 매개변수가 이 집합의 모든 값들을 다시 생성해낼 때 이 집합은 그 존재에 관하여 정의 가능하다고 한다. 어떤 수나 식에 대하여 그것의 거듭제곱을 구하는 계산법인 멱법은 덧셈과 곱셈에 비해 보다 복잡한 고급 수준의 연산으로 대수식에서는 거듭제곱이나 지수가 하나의 변수 역할을 한다. 이 논문에서 줄리아는 이항계수, 계승, 소수가 멱법에 의하여 그 존재와 관련하여 정의 가능하다는 것을 증명했다. 또 관계식 $x = y^z$이 기하급수적으로 증가하는 임의의 함수에 따라 그 존재에 관하여 정의 가능하다는 것을 증명했다. 따라서 디오판토스의 다항방정식을 초월하는 연구 영역을 디오판토스 지수방정식으로 확장시킴으로써 이 논문은 힐베르트의 열 번째 문제의 해결에 주요한 기여를 했다.

1959년에서 1961년 사이에 줄리아 로빈슨은 힐베르트의 열 번째 문제의 완벽한 해결 과정의 한 단계로 멱법 등을 포함시킨 연구 결과를 얻기 위하여 미국인 연구자 마틴 데이비스, 힐러리 푸트남과 함께 공동 연구를 시작했다. 1959년 데이비스와 푸트남은 멱법과 재귀 집합에 대하여 작성중인 논문의 초안을 줄리아에게 보내 검토를 부탁했다. 줄리아는 검토 과정에서 증명법을 단순하게 정리하고 재귀 조건 중 한 가지를 제거하여 이론을 강화시키는 데 도움을 주었다. 공동 연구 결과, 1961년 수학회 연보에 〈디오판토스 지수방정식에 대한 결정문제〉라는 주제로 논문을 발표했다. 그들은 이 논문에서 모든 재귀적으로 셀 수 있는 집합은 멱법에 의하여 존재와 관련하여 정의 가능하다는 것을 증명했다. 그 결과 그들은 디오판토스 지수방정식이 정수해를 가지고 있는가에 대한 여부를 결정하는 알고리즘이 존재하지 않는다는 것을 밝혀냈다.

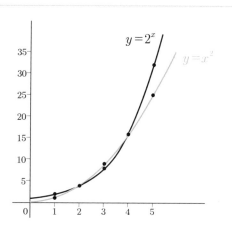

지수함수 $y=2^x$ 그래프는 다항함수 $y=x^2$의 그래프보다 더 빨리 증가한다. 힐베르트의 열 번째 문제에서 가장 중요한 단계(방법)을 구성한 로빈슨 가설은 지수함수만큼은 아니지만, 다항함수보다 더 빨리 증가하는 디오판토스 방정식이 존재한다고 추측했다.

이 논문에서 줄리아 로빈슨은 '로빈슨 가설'이라 알려진 하나의 가설을 제안했다. 이 가설은 지수함수만큼 빠르지는 않지만 다항함수보다 더 빨리 증가하는 디오판토스 방정식이 존재한다는 것이다. 만약 이 가설이 참이라면, 먹법은 그 존재에 관하여 정의 가능하며, 디오판토스 지수방정식은 디오판토스 다항방정식과 같아지게 된다. 따라서 힐베르트의 열 번째 문제, 즉 주어진 디오판토스 방정식이 정수해를 가지고 있는가를 결정하기 위한 알고리즘은 만들 수가 없게 된다. 1960년 논리, 방법론, 과학철학에 대한 국제회의에 참석한 그녀는 〈디오판토스 지수방정식의 결정 불가능성〉이라는 주제의 논문을 발표하고 그들의 공동연구를 설명했다.

줄리아는 어렸을 때 앓았던 류머티스 열로 생긴 반흔 조직을 제거하기 위해 1961년 심장수술을 받았다. 수술 후 그녀는 자전거, 도보, 카누를 즐겼다. 그리고 버클리에서 시간강사로 매년 대학원 수학 강좌를 맡을 정도로 건강이 좋아졌다. 그녀는 디오판토스 방정식에 대한 연구논문을 지속적으로 발표하면서 수론 관련 학회에도 여러 번 참가했다. 1968년 미국 수학회 회보에 발표한 논문 '1변수 재귀함수'에서 그녀는 모든 일반 재귀함수들이 제로함수와 계승함수로 알려진 두 함수에 배치연산과 보편적인 회귀 기법을 적용함으로써 얻어질 수 있음을 보였다.

같은 회보에 1968년에는 연구논문 〈가산집합의 재귀적 유한 생성〉을 실었고 1969년에는 논문 〈자연수 집합의 유한 생성 분류〉와 〈해결할 수 없는 디오판토스 문제〉를 실었다. 또 힐베르트의 열 번째 문제에 대하여 이루어지고 있는 연구 현황을 조사한 다음 그 내용을 요약하여 두 번에 나누어 발표하기도 했다. 처음에 발표한 글은 1969년 〈수론의 연구〉에 실은 '디오판토스 결정문제'이며, 두 번째 글은 뉴욕 스토니부룩에서 개최한 수론에 대한 여름 학회에서 발표한 '힐베르트의 열 번째 문제'이다.

1970년 1월, 22세의 러시아 수학자 유리 마티야세비치는 로빈슨 가설을 만족시키는 디오판토스 방정식을 발견함으로써 힐베르트의 열 번째 문제의 해결에 대한 마지막 단계를 제공했다. 마티야세비치는 피보나치 수열 1, 1, 2, 3, 5, 8, 13, 21,···의 $2m$ 번째 항의 값을 나타낸 관계식 $n = F_{2m}$ 을 n과 $2m$, 다른 정수값을 갖는 변수를 포함한 디오판토스 다항방정식으로 나타낼 수 있다는 것을 증명했다. 마티야세비치의 이 연구 결과는 로빈슨이 추측했던 것과 같이 지수함수만큼 빠르지는 않지만 다항함수보다 더 빨리 증가하는 디오판토스 관계식에 대하여 필수적인 존재에 관한 정의를 제공했다.

줄리아 로빈슨과 마티야세비치, 데이비스, 푸트남은 힐베르트의 열 번째 문제를 완벽하게 해결함으로써 힐베르트 문제를 해결하여 국제적으로 인정을 받은 수학자들로 구성된 '명예로운 사람들^{HonorsClass}'이라는 클럽에 들어갈 수 있었다.

이 문제를 해결한 후 줄리아 로빈슨은 디오판토스 방정식의 또 다른 성질들을 연구하기 시작했다. 1971년 루마니아 부카레스트에서 열린 논리학, 방법론, 과학철학에 대한 네 번째 국제회의에 참석한 그녀는 디오판토스 방정식의 분류를 주로 다룬 논문 〈디오판토스 방정식의 풀이〉를 발표했다. 1973년에는 〈대수학과 논리학에서 선정된 문제들〉에 〈수론적 함수에 대한 공리〉라는 주제의 논문을 실었으며, 이 논문에서 그녀는 페아노 공리가 유도될 수 있다는 사실을 바탕으로 하여 수론적 함수에 대한 유한개의 공리를 제시했다.

마티야세비치와 공동 연구를 시작하면서, 로빈슨은 디오판토스 방정식을 세울 때 필요한 변수의 개수를 줄이는 방법의 개발에 성공했다. 1974년 〈알고리즘 이론과 수리 논리학〉이라는 러시아 저널에 발표한 공동 연구논문 〈양을 나타내는 보편적인 세 가지 기호를 사용한 가산집합의 두 가지 표현법〉에서 그들은 기하급수적으로 증가하는 것을 나타내는 관계식을 세 개의 변수만으로 나타낼 수 있다는 것을 증명했다.

다음 해 발표한 공동연구논문 〈임의의 디오판토스 방정식의 13개의 미지수가 있는 방정식으로의 축소〉에서는 임의의 디오판토스 방정식을 최대 13개의 변수만을 포함하면서도 같은 방정식으로 어떻게 다시 바꿀 수 있는지에 대해 설명했다. 마티야세비치는 나중에 방정식을 나타내는 데 필요한 변수를 9개로 줄이는 데 성공했다. 그는 줄리아 로빈슨의 방법을 활용했음을 인정하고 줄리아를 공동저자로 올려야 한다고 주장하였지만, 줄리아는 정중히 거절했다.

이 연구 결과는 1982년 캐나다 수학자 제임스 존스가 〈기호논리학 저널〉에 자신의 논문 〈일반적인 디오판토스 방정식〉에 그 내용을 인용하면서 공개되었다.

줄리아 로빈슨, 마티야세비치, 데이비스는 1974년 〈힐베르트의 열 번째 문제 - 디오판토스 방정식: 음성적 해결에 대한 양성적 측면〉이라는 공동연구논문을 발표했다. 로빈슨은 1974년 5월 북부 일리노이 대학에서 개최한 힐베르트 문제에 대한 심포지엄에 참석하여 이 논문의 내용을 자세히 설명했다. 그 논문에서는 힐베르트의 열 번째 문제와 관련이 있는 수리 논리학자들이 연구한 많은 연구 결과들을 간단하게 소개하기도 했다. 1976년 학회 회보에 실은 〈힐베르트 문제가 이룬 수학적 진전〉은 그녀가 마지막으로 발표한 논문이었다.

맥아더 장학재단상 수상

1976년에서 1985년까지 줄리아 로빈슨은 그녀의 동료들과 함께 연구를 수행하기도 하고, 힐베르트의 열 번째 문제의 해결에 따른 찬사를 받으면서 대부분의 시간을 보냈다. 1976년에는 국립과학아카데미 회원으로 선정되었다. 또한 시간강사로 근무했던 버클리의 캘리포니아 대학교에서 평생교직원 자격인 정교수 임명을 받고, 강의 시간을 줄여 학생들에게 강의를 했다. 1978년에는 미국 수학회 부회장으로 선임되었으며, 미국 과학진흥회의 회원이 되었다.

이 두 수학회는 국제회의에서 줄리아 로빈슨에게 주요한 강의를 해 달라고 요청함으로써 경의를 표했다. 1980년 미국 수학회는 미시간 대학교에서 개최한 84번째 여름 학회의 강의를 위해 그녀를 초청했다. 4시간 동안 진행된 강연에서 그녀는 〈논리학과 산술계산의 중간〉이라는 제목으로 수리 논리학과 수론에서 자신의 관심 영역, 즉 괴델의 연구이론과 계산 가능성 개념, 힐베르트의 열 번째 문제와 디오판토스 지수방정식, 다양한 환과 체에 관한 결정문제, 비표준 산술계산의 모형에 관하여 발표했다. 여성수학회는 1982년 1월 신시내티에서 합동 수학학회를 개최하고, 이 학회에서 강연한 에미 뇌더의 이름을 본따 이 수학회에 이름을 붙였다. 줄리아 로빈슨은 '산술계산에서의 함수방정식'이라는 주제로 이 학회에 강연을 하게 되었는데, 이 강연을 듣기 위해 공업수학 및 응용수학회, 아메리카 수학회, 미국 수학회, 여성수학회로부터 수천 명의 수학자들이 모여들었다.

이후에도 미국 수학회를 비롯한 몇몇 학회에서는 로빈슨의 연구 업적을 계속 주시했다. 1982년 동료들은 그녀를 미국 수학회의 회장으로 추대했다. 1982~1984년까지 회장으로 일하는 동안 그녀는 수학 및 과학계에서 여성들과 소수민족 출신의 학자들에게 보다 중요한 기회를 제공할 수 있도록 프로그램들을 지원했다.

1983년에는 수학의 발달에 공헌한 업적을 인정받아 5년 동안 매년 연구장학금 6만 달러를 주는 맥아더 재단의 연구보조금을 받았다. 이 연구보조금은 미국 굴지의 보험회사인 뱅커스라이프 사의 설립자인 억만장자 맥아더가 남긴 유언으로 만든 맥아더 재단이 매년 각종 단체 및 프로그램에 지원하는 보조금이다. 1985년에는 미국 예술과학아카데미의 회원이 되었으며, 같은 해 과학회 회장단 이사회가 그녀를 회장으로 선임하였으나 건강이 악화되어 회장직을 사양했다.

로빈슨은 1년 동안 백혈병과 싸우다가 1985년 6월 30일 65세의 일기로 생을 마감했다. 샌디에이고 고등학교에서는 그녀를 기리기 위해 졸업생 중 수학우수자에게 1년 동안 장학금을 지급하는 줄리아 로빈슨 수학 장학금을 만들었다. 그녀의 남편은 버클리에서 수학과 졸업생들을 위해 줄리아 바우먼 로빈슨 장학기금을 제정하기도 했다. 이 장학금은 재능 있는 젊은이들을 격려함으로써 수학에 대한 관심을 계속 추구 하도록 하는데 도움이 되고 있다.

수학자로서의 명성을 얻다

세상을 떠나기 직전 줄리아 로빈슨은 자신이 특별한 명예를 얻었거나 어떤 직책에 임명된 최초의 여성으로서가 아닌, 그녀가 해결한 문제나 증명한 이론들로써 함께 기억될 것을 부탁했다. 생전에 그녀는 국립과학아카데미의 회원으로 선정되고, 미국 수학회의 회장을 역임하였으며, 맥아더 장학금을 탄 첫 번째 여성 수학자였지만, 정작 수학자라는 명성을 얻게 된 것은 수리 논리학과 수론에서 성취한 중요한 연구 업적에 의해서였다.

그녀의 박사학위논문과 환과 체에서의 결정문제에 대한 연구논문에서 제시한 이론들은 수리 논리학에서의 결정문제를 이해하기 위한 새로운 이론들의 발판이 되었다. 로빈슨 가설에 대한 그녀의 추측과 디오판토스 지수방정식에 대한 핵심이론의 증명은 힐베르트의 열 번째 문제의 해결에 큰 공헌을 했다.

핵원자력산업에 영향을 미친 수학자

어니스트 윌킨스 주니어

Jesse Ernest Wilkins Jr
(1923~)

어니스트 윌킨스 주니어는 임의의 다항식이
'0'이 되는 것에 대해 연구하였으며,
감마선에 투과를 차단하기 위한 차폐의 개발에 도움을 주었다.

최초의 흑인 수학박사

어니스트 윌킨스 주니어는 60여 년 동안 수학, 과학, 공학 분야에서 거둔 업적으로 국제적인 명성을 얻었다. 그는 수학에서 박사학위를 받은 최초의 흑인으로, 고등연구소의 연구원과 국립기술공학 아카데미의 회원으로 선정되었다. 그의 수학 연구는 미분방정식, 고급해석학, 기하학, 함수론, 다항식에 관한 연구의 발달에 기여를 했다. 그는 우주 망원경에 대한 광학기기와 엔진을 냉각시키는 핀을 설계했다.

그의 가장 중요한 업적인 감마선 투과와 핵에너지의 분배에 대한 연구 결과는 원자력 관련 장비와 차폐의 설계에 있어서 매우 중요하다.

흑인 천재 소년

제스 어니스트 윌킨스 주니어는 1923년 11월 23일 시카고에서 태어났다. 어니스트의 아버지는 변호사로 아프리카계 미국 흑인의 전문가 협회 회장을 역임하였으며, 1950년대에는 아이젠하워 대통령의 임명을 받아 동부 차관보직을 수행하기도 했다. 어니스트의 어머니는 석사 학위를 받은 후 시카고 전문학부의 교사로 재직하였고, 어니스트의 남동생 존과 줄리안은 모두 법학을 전공한 후 아버지의 법률 사무소에서 일했다.

월킨스는 지적 능력이 뛰어나 태어난 지 13개월 만에 알파벳을 다 외웠으며, 5살이 되기 전에 이미 사칙연산을 할 수 있었다. 초등학교에 다닐 때 측정한 IQ는 천재로 분류되는 수치인 163이었다. 7살 때는 카드 게임인 블랙잭을 마스터하는가 하면 1~2년 후에는 지역 탁구대회에 참해 우승했다.

학교에서 그가 거둔 성적은 타의 추종을 불허했다. 그는 모든 과목에

서 우수한 성적을 거두었고, 13세의 나이에 시카고 대학 역사상 최연소 학생으로 입학했다. 교수들은 그를 성적이 우수한 미국 대학생 및 졸업생을 위한 국가 명예단체인 파이베타카파Phi Beta Kappa 클럽의 회원으로 추천했다. 또한 미국 수학회에서 주관하는 윌리엄 로웰 푸트남 전국수학경시대회에서 상위 10명 중 한 명으로 뽑혔다. 1940년에는 16세의 나이에 대학을 졸업하고 수학과 학사학위를 받았다.

시카고 대학에서는 천재 윌킨스에게 대학에 계속 남아 수학과에서 박사학위과정까지 밟을 것을 권유했다. 이 학위를 받기 위해서는 일정 시간의 강의를 받아야 하며, 수학에서의 새로운 정리나 규칙을 증명하기 위한 연구를 수행해야 했다.

1년의 고급과정을 밟은 후, 윌킨스는 1941년 수학과에서 석사학위를 받았다. 그 후 1년 반 동안 고급 수준의 수학 전문 과정을 받고 지도교수인 매그너스 해스테네스와 함께 고급해석학의 몇몇 문제를 해결하는 데 활용할 수 있는 계산법 개발에 관한 연구를 진행했다. 그는 연구 결과를 정리하여 〈변분에 대한 해석학에서 매개변수 형태로 표현되는 복잡한 정수 문제〉를 제목으로 한 박사학위논문을 작성했다.

1942년 겨울, 19세의 윌킨스는 수학과에서 박사학위를 받은 여덟 번째 아프리카계 미국 흑인이 되었다.

흑인이 다니는 대학교의 수학과 교수가 되다

뉴저지의 프린스턴 고등연구소의 수학과에서는 윌킨스에게

1942~43년에 걸쳐 국내의 가장 우수한 수학 연구원 8명 중의 한 명에게만 주는 박사과정을 이수한 연구위원 자격을 부여했다. 그는 이 기회를 놓치지 않고 잘 활용함으로써 고등연구소의 객원 연구원직을 받은 두 번째 흑인 수학자가 되었다. 연구에 전념한 그는 고급기하학에 대한 새로운 이론을 발견해 그 결과를 논문으로 작성했다. 1943년에는 처음으로 〈듀크 수학 저널〉에 두 편의 연구논문 〈제1기준 모음〉과 〈사영미분기하에서의 특수한 면의 분류〉를 실었다.

박사학위를 받고 고등연구소에서 연구를 계속 진행하였지만, 윌킨스는 대학의 수학과 교수 자리를 구하지는 못했다. 흑인 교원을 뽑고자하는 대학은 '역사적으로 흑인만이 다니는 대학 HBCU'으로 알려진 남부의 몇몇 대학들뿐이었다. 이들 대학은 대부분의 고등교육기관에서 흑인 학생들을 받아들이지 않자 이들을 교육시키기 위하여 설립된 것이었다. 이들 기관 중 앨라배마에 있는 터스키기 대학교에서 1943~44년까지 윌킨스를 수학과 교수로 임용했다. 몇몇 학생들은 윌킨스보다 나이가 많았지만 그들은 윌킨스가 가지고 있는 교육관과수학 지식을 존경했다. 그는 학생들을 지도하면서 동시에 미분방정식, 고급해석학, 고급기하학, 통계학, 질병의 확산에 따른 문제를 해결하기 위해 새로운 이론들과 기술 개발을 위한 연구도 함께 진행했다.

그는 이들 연구 결과를 정리하여 1944~45년에 걸쳐 여섯 개의 수학저널에 7편의 논문을 실었다. 1944년 미국 수학회 회보에 실은 논문 〈선형 미분방정식의 해법의 발달에 대하여〉, 같은 해 수학회 연보에 실은 학위논문, 1945년 수리 통계학 연보에 실은 '편포도와 첨도에 대한 주석', 1945년 수리생물물리학의 회보에 실은 '질병에 대한 미분차분 방정식'이 이것들이다.

과학자이자 공학자

그가 청년 시절에 이룬 연구 업적으로 보아 성공적인 수학 연구가나 대학 교수가 되었으리라 짐작되지만, 이와는 반대로 학계를 떠나 이후 26년 동안을 산업체에서 업무를 수행하거나 정부가 보조하는 연구 프로젝트를 수행하면서 보냈다. 1944년에서 1946년까지 그는 광석에서 금속을 골라내는 방법이나 기술을 연구하는 시카고 대학의 야금술 연구소에서 물리학자로 일했다. 그곳에서 연구자들은 엄청난 열을 생성하는 과정, 즉 우라늄을 방사성 플로토늄으로 바꾸는 기술을 개발하고 있었다. 윌킨스는 방사성 물질을 만들어내는 기기를 냉각시키기 위한 방법을 개발하는 연구에 도움을 주었다. 야금술 연구소에서 그는 강력한 핵폭탄을 개발하기 위한 미 정부의 프로그램인 맨해튼 프로젝트를 수행하는 부서에서 일했다. 정부는 이 엄청난 과학 연구 프로젝트를 수행하기 위해 노벨상을 수상한 21세기 과학자들을 포함하여 수천 명의 인재들 즉, 세계의 우수한 수학자, 과학자, 공학자들을 동원했다.

1946년, 윌킨스는 뉴욕 버펄로에 있는 미국 광학협회의 회원이 되었다. 4년 동안 그는 수학자로서 우주탐사 망원경을 설계하는 작업을 도왔다. 정교한 렌즈의 설계에는 원뿔의 절단면과 관련된 여러 곡선들에 대한 지식과 함께 기하학과 물리학에 대한 높은 수준의 지식들이 요구

되었다. 그는 함수론, 기하학, 미분방정식, 고급해석학에서 새로운 이론을 발견하면서 연구를 계속 진행하였으며, 이 연구 결과들을 정리하여 수학 회보에 10편의 연구논문을 실었다. 그중에는 1948년 〈수학회 연보〉에 실은 논문 〈함수들의 덧셈에 대한 기록〉과 같은 해 미국 수학회의 회보에 실은 논문 〈베셀 함수의 노이만 급수〉등이 있다.

1947년 그는 글로리아 스튜어트와 결혼하여 딸 샤론과 아들 어니스트 윌킨스 3세를 낳았다.

윌킨스는 1947년 조지아 대학교에서 개최한 수백 명의 수학자들과 수학 교수들이 회원인 미국 수학회의 회의에 참석하여 인종차별적인 대우를 받는 사건을 겪었다. 그는 흑인이라는 이유로 인하여 백인 수학자들과 같은 호텔에 머물 수 없었으며, 레스토랑에서 같이 식사도 할 수 없다는 통보를 받았다. 대신 대학교 근처에 살고 있는 흑인 가족과 함께 지내며 식사를 할 수 있도록 준비가 되어 있었다. 이에 화가 난 윌킨스는 회의 참석을 취소하고, 몇 년 동안 남부 여러 대학교에서 개최하는 학회에 참석하지 않았다.

감마선과 차폐에 대한 연구

이후 20년 동안 윌킨스는 핵반응의 평화적 활용을 위한 개발 연구에 심혈을 기울였다. 1950년 그는 6명의 과학자들과 함께 뉴욕 화이크 플레인 시에 있는 미국 핵개발회사(NDA)에서 일하게 되었다. 나이가 가장 많은 수학자이자 물리학과 수학 분야의 팀 책임자, 연구와 개발에 대한 감독관, 회사의 주요 주주로서의 임무를 맡은 그는 10년 동안 300명 이상의 과학자들을 조직하고, 회사의 미래에 대하여 중요한 결정을 내렸다.

월킨스와 동료 허버트 골드스타인은 한 개의 원자에 들어있는 핵이 고에너지와 저에너지 광선을 방출하는 핵분열 과정에 대해 공동연구를 했다. 일련의 실험을 통해 그들은 고에너지 감마선이 모든 물질이 아닌 몇몇 물질만을 통과한다는 사실을 알아내었다. 그들은 이 연구 결과를 정리하여 1953년 물리학 평론 저널에 〈감마선 투과의 체계적인 예측〉이라는 논문을 발표했다. 이 논문에서 정리한 연구 결과는 원자력을 생성하는 원자로의 설계에 있어서 매우 중요하게 되었다. 또한 태양을 대신한 핵반응에 의해 만들어지는 감마선과 다른 고에너지 입자들로부터 우주 비행사들과 그들의 장비를 보호하는 차폐를 개발할 때에도 상당히 중요한 것이 되었다.

핵개발 회사에서 그는 여러 가지 책무를 완수하고, 선구적인 연구를 진행하면서 대학교에서 계속 공부를 했다. 그는 2년 반 동안 뉴욕 대학교의 야간 강의를 들으며, 1956년에는 기계공학과에서 학사학위를 받았다. 매우 우수한 성적으로 졸업한 그는 명예기술공학협회인 파이타우시그마와 타우베타파이에 선정되어 가장 유망한 졸업생에게 주는 상을 받았다. 3년 후 37세의 나이에 그는 같은 학교의 기계공학과에서 석사학위를 받았다.

1960년에서 1970년에 걸쳐 월킨스는 캘리포니아 주 샌디에이고에 있는 핵분열 동력회사에서 원자력에 대한 연구를 계속 진행했다. 이 기간 동안 그가 수행한 프로젝트 중 하나는 원자력 엔진의 냉각에 관한 것이었다. 핵반응은 상당량의 열을 발생하지만 엔진에 열을 흡수하거나 소산시키는 히트싱크로 알려진 금속편을 부착시키면 열은 엔진에 영향을 미치지 않게 된다. 그는 수학 지식을 활용하여 엔진에 가해진 열을 흡수하는 편의 모양을 결정했다. 1961년 그는 이들 연구 결과를 정리하여 산업수학 및 응용수학회 저널에 논문 〈가장 얇은 두께와 최소 질량의 핀〉을 실었다. 이 논문은 자신의 연구 결과를 자세히 설명한 전문적인 보고서이자 많은 논문 중의 하나가 되었다.

또다시 교수로

1970년 윌킨스는 워싱턴에 있는 하워드 대학교 응용 수리물리학과 교수직을 수락하면서 학계로 돌아왔다. 그는 광학, 원자력, 여러 분야의 과학 및 기술공학에 관한 응용문제를 해결하기 위하여 수학과 물리 이론과 기법들의 사용법에 관하여 가르쳤다. 도박의 전략, 선형 체계, 다항식의 근, 힐베르트 공간, 중적분에 관한 연구 주제에 대하여 그는 수학 저널에 8편의 글을 싣기도 했다.

연구와 지도를 병행하면서 윌킨스는 소수의 흑인들만이 수학을 전공하고 학위를 따고 있는 사실을 알았다. 그는 이러한 사실을 알리기 위해 하워드 대학교의 수학과 학장인 제임스 도날드슨과 함께 의견을 나누었다. 그 결과 그들은 수학과에 박사과정을 개설하였으며, 1976년 하워드 대학교는 수학과에서 박사학위를 수여하는 첫 번째 HBCU(흑인

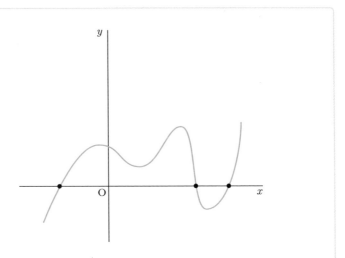

각도 n의 다항식은 0과 n의 근의 그래프가 수평한 축선을 교차해 통과하는 곳 사이에 있을 수 있다. 윌킨스는 다항식의 계수가 무작위로 선정될 때 도출된 근의 평균 수를 분석했다.

이 다니는 대학)가 되었다. 대학 내뿐만 아니라 윌킨스는 교수협회에서도 계속 활동하게 되었다. 1974~75년에는 미국 핵학회의 회장을 역임하였으며, 1975년에서 1977년까지는 미 수학자협회의 회원으로 활동하기도 했다.

윌킨스는 하워드 대학을 떠나 1977년에서 1984년까지 아이다호 폭포 근처에 위치한 큰 기술공학 관련 회사인 EG&G 아이다호 사에서 업무 및 연구를 수행했다. 부사장이자 과학기술공학에 대한 총감독 업무를 맡은 가운데 그는 핵과학과 광학 관련 프로젝트를 수행했다. 1982년 핵과학과 기술 회보에 실은 연구논문 '극소 질량의 핵반응'에서 그는 원자로의 설계와 가동에 대하여 설명했다. 1984년 〈아메리카 A의 광학협회 저널: 광학과 이미지 과학〉에 실은 논문에서 그는 광학 장비의 설계와 제조에 대하여 연구한 결과를 설명했다. 1984~85년에는 30년 전 연구를 수행했던 야금술 연구소가 명칭을 바꾼 아르곤 국립연구소에서 초빙 과학자로 지냈다. 이때까지 그가 이 연구소에서 수행한 연구는 미국 에너지국의 원자력의 평화적 사용에 중점을 두었었다.

1985년 윌킨스는 퇴직했지만, 5년 후 조지아에 있는 클라크 애틀랜타 대학교의 응용수학과 수리 물리학 교수로 임용되어 다시 학생들을 가르치게 되었다. 미국에서 흑인이 다니는 대학교에서 13년을 지내는 동안, 그는 일생을 바쳤던 과학과 공학분야에서의 문제를 해결하기 위하여 수학적 지식을 활용할 것을 학생들에게 당부했다. 수학학회의 강

연에서는 참석한 타 대학의 학생들에게도 수학 및 과학과 관련 직업에 관하여 강의를 하기도 했다.

1992년 그는 미국 수학자협회에 전달할 '열전달을 위한 2차원 면의 최적화'라는 제목의 비디오테이프를 만들었다. 거기에서 그는 원자력 엔진에 대한 냉각편을 설계하기 위하여 수학을 어떻게 사용하였는지를 설명했다. 또한 임의의 계수를 갖는 다항식의 근에 대한 수학적 연구를 진행하면서 6편의 논문을 작성하여 여러 학회의 저널에 발표했다.

2003년 79세가 된 그는 퇴직하며 시카고의 고향으로 되돌아갔다.

그의 이름이 붙은 강연

윌킨스는 뛰어난 연구 활동을 통해 과학과 공학, 수학의 세 분야에서 존경을 받고 업적을 인정받아 상을 받았다. 1956년 미국 과학진흥협회에서는 감마선과 차폐에 대한 윌킨스의 연구의 중요성을 인정하여 그를 회원으로 선정했다. 1964년에는 미국 핵학회에서 핵기술 분야에 대한 그의 연구에 경의를 표하며, 역시 회원으로 추천했다.

1976년 미국 공학한림원에서는 흑인 중에서는 두 번째로 그를 회원으로 받아들임으로써 전력을 만들어내는 핵원자로 설계와 개발에 대한 연구의 중요성을 인정했다. 군대에서는 1980년 우수 시민봉사메달을 수여하기도 했다. 전국수학자협회에서는 1994년 공로상을 수여하였으며, 경의를 표하기 위해 매년 그의 이름을 붙인 강연을 개설하기도 했다. 전국수학자협회에서는 매년 다른 수학자가 선정되어 강연에서 자신의 연구 결과를 발표한다. 강연은 전국수학자협회에서 개최하는 연례 대학생수학학회에서 가장 중요한 강의라고 할 수 있다.

그는 60여 년 동안 대학이나 정부 주관 연구와 회사에서 수학자, 과학자, 공학자로 일하고 연구하면서 과학, 공학, 수학 저널에 100편 이상의 과학기술 보고서와 연구논문을 발표했다. 특히 감마선과 차폐에 대한 연구는 항공우주산업이나 핵의학산업, 원자력산업에 큰 영향을 미쳤다.

수학자들은 고급해석학, 고급기하학, 함수론에서 그의 수학적 이론들을 연구하며 발전시켜가고 있다.

균형이론의 대가

존 내쉬

John Nash

(1928~2015)

최고의 이익을 내려면 자신은 물론 자신이 속한 집단을 위해

최선을 다해야 한다.

− 존 내쉬

존 내쉬는 협력 및 비협력게임에 대한

내쉬 균형 개념을 도입해 노벨 경제학상을 수상했다.

− 로이터통신

노벨상을 수상한 게임이론가

존 내쉬는 게임이론에 대한 공적으로 경제학 분야에서 노벨상을 받았다. 그가 소개한 협력 및 비협력게임에 대한 내쉬 균형 개념은 게임이론의 발전에 막대한 영향을 끼쳤으며, 경제학, 동물학 그리고 정치학에 광범위하게 적용될 수 있다는 것을 보여 주었다.

그는 다양체 매장^{embedding of manifolds}에 대한 혁신적인 연구와 유동체의 흐름에 대한 분석으로 장래가 촉망되는 창의적인 젊은 수학자로서 명성을 얻었다. 하지만, 1990년대에 다시 연구를 시작하게 되기까지 30년간 정신질환과 끈질긴 싸움을 벌였다.

천재 존 내쉬

존 포브스 내쉬 주니어는 1928년 6월 13일 웨스트버지니아의 블루

필드에서 애팔래치안 전기 회사의 엔지니어인 존 포브스 내쉬 시니어와 영어와 라틴어를 가르치는 교사였던 마가렛 버지니아 마틴 사이에서 태어났다. 아버지는 텍사스 농업 및 기계대학(현재는 텍사스 A&M 대학교)에서 학사학위를 취득했고, 어머니는 마사 워싱턴대학과 웨스트버지니아 대학교에서 언어를 공부했다. 내쉬와 여동생 마사는 그 지역의 공립학교를 다니면서 집에서 부모님으로부터 과외 지도를 받았다.

소년 시절의 내쉬는 정규 교육 과정 이상의 것들에 관심을 가졌다. 사교성이 부족하고 수줍음이 많았던 소년 내쉬는 운동을 하거나 사람들을 만나는 것보다 책을 읽거나 전기, 화학물질, 혹은 폭발물질을 가지고 실험을 하는 것을 좋아했다. 그는 수학 문제를 학교에서 배운 풀이 방법과 다르게 문제를 풀곤 하였으며 교사보다 더 나은 방법이 많았다. 그는 에릭 템플 벨의 《수학의 사람들》을 읽고 수학자들의 삶에 관심을 갖게 되었고, 정수론에 나오는 몇몇 고전적인 결과들을 증명해냈다.

고등학교 졸업반 시절에 블루필드 대학에서 별도의 수학 강의를 들었고, 17살 때는 아버지와 함께 현수선법칙을 활용한 〈케이블 및 전선의 수명을 위한 처짐과 장력 계산〉(1945)이라는 제목의 논문을 써서 〈전기공학〉에 실었다. 이 논문은 전기 케이블과 전선의 적절한 장력 계산에 대한 개선된 방식을 설명하고 있는데, 이는 수주일에 걸친 현장 측정과 그에 대한 수학적인 분석이 동반된 프로젝트였다.

1945년에 내쉬는 조지 웨스팅하우스 장학금 중 하나를 받고 펜실베이니아의 피츠버그에 있는 카네기 공과대학에 입학했다. 그는 처음에는 화학공학 과정에 등록하였으나, 텐서 계산법과 상대성에 대한 강의를 들은 후 전공을 수학으로 바꾸었다. 그는 미국 수학협회가 후원하는 전국규모의 윌리엄 로웰 푸트남 수학대회에 두 번 참가하였으나, 두 번 모두 5위 안에 들지 못했다. 하지만, 학부 시절 한 개의 n-차원 구 위에서는 어떠한 연속함수라도 반드시 자기 자신으로 적어도 1포인트 돌아간 지점에 위치하게 된다는 대수적 위상기하학 법칙인 브라우어의 고정점 정리를 재증명했다. 그리고 국제경제학 강의를 듣는 중에 1950년에 출판한 논문의 기초가 된 교섭전략$^{bargaining\ strategies}$의 최초 아이디어에 대한 줄거리를 잡았다.

내쉬는 1948년 수학 학사학위와 석사학위를 취득한 후 박사학위를 취득하기 위해 대학원에 지원했다. 그의 대학원 추천서에는 '내쉬는 천재'라는 단 한 줄의 글귀만이 적혀 있었다. 그는 하버드 대학교, 시카고 대학교, 미시간 대학교의 대학원 과정 제의를 거절하고 뉴저지에 있는 프린스턴 대학교의 유명한 존 S. 케네디 장학금을 받았다. 1948년 9월에 프린스턴에 입학해 위상기하학, 대수기하학, 게임이론 및 수리 논리학 등을 포함한 순수수학의 여러 분야에 대해 광범위한 관심을 갖게 된다. 하지만 대부분의 강의에 불참하거나 추천받은 교과서를 읽지 않았으며, 대신 독자적으로 기본적인 원칙들에서 나온 수학적 성질들을 재발견하는 것을 좋아했다. 이러한 습관은 그가 문제들에 대한 독창적인 연구 방법과 독특한 시각을 발전시키도록 도와주었다.

그는 기숙사의 휴게실에서 종종 체스나 바둑, 전쟁게임과 같은 논리와 전략게임을 즐기곤 했다. 이때 다른 대학원생들이 '내쉬'라고 불렀던 6진법^{Hex}과 유사한 위상기하적 게임을 발명하기도 했다.

게임이론을 세상에 내놓다

1948년부터 1951년까지 3년 동안 내쉬는 경쟁과 협력에 대한 연구를 다루는 수학 분야인 게임이론에 혁명을 일으킨 한 개의 박사학위논문과 네 개의 연구논문을 썼다. 1920년대에 헝가리 출신 수학자인 존폰 노이만이 2인 제로섬게임을 분석하였는데, 이 게임에서는 두 명의 참가자가 한 사람에게는 상을 주고 다른 한 사람에게는 그와 동일한 규모의 벌칙이 부과되는 선택을 하게 되어 있었다. 폰 노이만은 자신이나중에 쓴 논문들과 프린스턴의 경제학자인 오스카 모겐스턴과의 공동저서 《게임이론과 경제 행위》(1944)에서 게임에 대한 공식적인 수학이론들을 경제학 분야에 적용시켰다. 내쉬는 두 명 이상의 참가자가 있는상황들을 포함시키고 게임의 전반적인 전략 분석도 참가자들이 서로협력하거나 경쟁하는 것으로 게임이론의 범위를 확장했다. 그는 게임이론의 완전한 개발에 있어 근본적인 구성 요소가 되었고, 또한 게임이

론의 진화 생물학, 경제학이론과 정치적 전략들에 대한 광범위한 적용을 가능하게 한 개념과 도구, 기술들을 도입했다.

게임이론에 대한 내쉬의 첫 번째 출판물은 국립과학회 학술회보에 실린 〈n명이 하는 게임의 균형점〉(1950)이라는 두 쪽짜리 논문이었다. 내쉬가 프린스턴에서 보낸 최초의 14개월 동안에 완성하여 1949년 11월에 학회에 제출한 이 짧은 연구에는 'n명', '유한', '비협력게임'의 정의가 소개되어 있는데, 두 명 이상의 경쟁 참가자가 각자 본인에게 유리한 결과를 얻기 위해서 다른 참가자들과의 상의 없이 정해져 있는 여러 개의 전략 중 하나를 선택한다. 내쉬는 브라우어 고정점 정리를 이용하여 이러한 게임은 항상 각 참가자에게 적어도 하나의 성공전략이 존재하는데, 만약 모든 참가자가 이러한 성공전략을 따른다면 어떤 참가자라도 현재의 전략을 다른 전략으로 바꿈으로써 더 나은 결과를 얻을 수는 없음을 간결하게 증명했다.

현재는 '내쉬 균형'으로 알려진 이러한 전략적 균형의 아이디어는 게임이론에서 가장 광범위하게 사용되는 해결 개념이 되었다. 내쉬 균형은 2인 제로섬게임을 위한 폰 노이만의 기술과 동일한 결과를 내면서 폰 노이만 분석의 필수적인 특성인 고정적 배치가 항상 존재하지는 않는, 보다 일반적인 게임 집합까지 다루고 있다.

최초의 게임이론 논문에 제시된 이 연구는 연구 지도교수인 터커의 지도하에 내쉬가 작성한 박사학위논문 '비협력게임'의 중심 아이디어가 되었다. 1950년 5월에 낸 이 27쪽 분량의 미출판 논문에서 그는 n명이 하는 비협력게임의 전반적인 이론을 더욱 완벽하게 설명하고 있으며, 이런 종류의 모든 게임은 반드시 적어도 하나의 내쉬 균형점을 가짐을 자세한 증거를 통해 제시했다. 균형점의 구체적인 예로서 내쉬와 동료 대학원생인 쉐플리는 세 명이 하는 포커게임 분석에 내쉬의 아이디어를 활용했다. 터커가 내쉬의 논문에 이 적용을 포함시키지 말 것을 권유함에 따라 내쉬와 쉐플리는 대신 〈단순한 3인 포커게임〉 논문에 자신들의 공동연구를 출판하였는데, 이는 훗날 1950년에 '수학적 연구 기록'에 실리게 되었다.

내쉬는 박사학위논문에서 비례적 게임과 집단행동게임을 위한 균형점의 두 가지 해석을 소개했다. 그는 '비례적 게임이란 단 한 번만 행해지며 참가자들이 게임의 완전한 구조를 이해했을 때 논리적 추론을 하는 게임'으로 정의했다. 집단행동게임은 반복적으로 행해질 수 있는데, 참가자들은 반드시 비례적으로 행동하지는 않으며, 게임의 완전한 구조를 알지 못할 수도 있으나 사용할 수 있는 전략의 상대적인 이점들에 대한 정보를 쌓는다. 집단행동 개념은 그가 출판한 논문에는 나오지 않지만, 최대한 잘할 수 있는 방향으로 적응함으로써 균형을 달성한다는 진화 전략을 연구하던 생물학자들이 1970년대에 발견했다. 경제학에서 집단행동이론은 '적자생존' 원리에 대한 수학적 근거를 제공하였는데, 적자생존 원리는 시장 상황 하에서는 이윤을 극대화하는 기업들만이 궁극적으로 살아남을 것이라고 주장한다.

1950년 말 〈교섭의 문제〉라는 제목의 내쉬의 논문이 수리 경제학 학술지인 〈이코노메트리카〉에 실렸다. 이 연구에서 그는 고정된 위협이 있는 2인 협력게임을 위한 해의 개념을 소개하였는데 이는 '내쉬 교섭의 해'로 알려져 있다. 두 명의 참가자가 사전에 서로에게 유리한 행동 과정을 추구하는 데 동의하고, 또한 그 동의된 행위에서 벗어날 경우 미리 지정된 벌을 받도록 하는 게임들에 있어서 내쉬 교섭의 해는 두 명의 참가자 모두에게 만족스런 문제 해결법을 제공했다.

내쉬는 카네기 공과대학에 다니던 학부 시절에 한 경제학 강의를 들으면서 이 논문에 대한 몇몇 기본 개념을 개발했다. 그는 프린스턴을 다니던 1949년 봄 학기 동안에 그 문제를 더욱 정교하게 다룰 수 있게 되었는데, 어떤 해라도 만족시켜야 할 네 개의 공리, 혹은 기본 원리들을 도입함으로써 게임 참가자들에게 돌아가는 성과들을 최대화시키는 독특한 해의 존재를 증명해내었다. 이 논문을 출판한 학술지 편집자들은 두 어린이가 야구 방망이, 공, 장난감, 그리고 칼을 놓고 교섭을 벌인다는 논문의 예를 좀 더 세련된 상황으로 바꾸고 싶었지만 그를 설득할 수가 없었다.

또한 이 논문은 각 참가자가 사용 가능한 하나의 자원에 대한 몫을 요구하는 단순한 2인용 게임인 내쉬 교섭게임의 개념을 소개하고 있었다. 만약 이 두 참가자들이 요구한 합계가 그 자원의 총 가치를 초과하지 않는다면 두 명 모두 자신들이 요구한 것을 받고, 그렇지 않으면 두 참가자 모두 아무것도 받지 않는다. 내쉬는 둘을 더해서 그 자원의 총 가치가 되는 모든 쌍의 숫자는 유한적으로 많은 균형점들 중의 하나를 이룬다는 것을 보여 주었다. 또한 두 참가자가 사용할 수 있는 대체 자원들이 있고, 게임의 결말에서 둘 다 아무런 이득도 얻지 못하게 되는 경우에는 '50 대 50'으로 자원을 배분하는 것 외에도 많은 비례적인 대안들이 도입된다는 것을 설명했다. 이 논문은 경제학이론의 고전이 되었으며, 국제적 교섭 전략들에 영향을 주었다.

1951년 〈수학의 기록들〉은 내쉬의 논문 〈비협력게임〉을 출판했다. 이 논문의 한 장은 내쉬 균형에 대한 추가적인 아이디어들을 상세히 설명하고 카쿠타니의 고정점 정리에 근거하여 이들이 존재한다는 새로운 증거를 제시함으로써 그의 학위논문 비중을 늘렸다. 이 기사의 주된 공적은 협력게임을 규모가 더 큰 비협력게임의 구조로 재공식화하려는 저자의 요청으로 '내쉬 프로그램'을 소개한 것이다. 내쉬는 참가자들 사이의 사전 협상이나 교섭 과정이 동반된 협력게임이 보다 규모가 큰 비협력게임을 구성한다고 추론했다. 이러한 인식이 양쪽 형태의 게임에 대한 수학적 분석을 통합시켰다.

게임이론에 대한 내쉬의 독창적인 다섯 개 연구 성과 중에서 마지막은 1953년의 논문인 〈2인 협력게임〉으로 〈이코노메트리카〉에 실렸다. 그는 애초에 이 논문에 있는 생각들을 학위논문의 한 부문에서 제시할 작정이었으나 지도교수인 터커가 이 주제를 연구의 초기 초안에서 뺄 것을 제안했었다. 이 논문에서 그는 자신의 '교섭' 논문에서 이미 논의되었던 고정 위협이 존재하는 게임을 위한 내쉬 교섭 해에 관한 생각을 더욱 완전하게 발전시켰으며, 가변적인 위협이 있는 게임에 대한 내쉬 교섭 해를 제시했다. 내쉬는 비례적 게임 참가자들에게 있어서 가변적인 위협게임이 각 참가자가 최상의 위협 전략을 사용하는 고정된 위협 게임으로 축소된다는 것을 보여 주었다.

	Player 2		
		A	B
Player 1	a	$1, 2$	$-1, -4$
	b	$-4, -1$	$2, 1$

1951년의 한 논문에서 내쉬는 두 균형점을 가지는 2인 비협력게임의 예를 보여 주었다. 이 보상 매트릭스는 만약 참가자 1이 전략 a를 사용하고 참가자 2가 전략 A를 사용한다면 참가자 1이 1의 보상을 얻고 참가자 2가 2의 보상을 받을 것임을 보여 준다. 내쉬는 비록 (a, A)와 (b, B) 양쪽이 모두 균형점일지라도 실제로는 두 참가자가 보통 -4의 벌칙을 피하고 결과적으로 (a, A) 상태로 가는 경향을 낳게 된다는 것을 보여 주었다.

전통적인 경제학이론과는 대조적으로 내쉬의 논문은 참가자의 협상 기술에 대한 의존보다 오히려 경제적 잉여분에 대한 비례적 분할이 독특한 결과로 이어진다는 것을 보여 주었다. 게임이론에 대한 내쉬의 학위논문과 네 개의 출판된 논문들은 수학, 경제학, 정치학, 그리고 생물학의 발달에 막중한 영향을 끼쳤다. 그의 아이디어들은 게임이론가들이 독립적으로 또한 비협력모델들의 통합된 우산 아래서 협력 및 비협력게임에 대한 수학적 이론들을 개발할 수 있도록 촉진했다.

경제학자들은 내쉬 균형을 다양한 경쟁 상황 속에서의 인간 행동을 분석하기 위한 정량적인 수학적 접근법으로써 활용했다. 협력 및 비협력게임에 대한 그의 생각들이 현대 경제학이론의 모양을 다시 만든 것이다. 정부와 군부 지도자들은 그의 생각들을 외교 협상 및 국제적 군사 분쟁에 대한 전략을 분석하는 데 활용했다. 이렇게 그의 수학적 아이디어들이 받아들여지고 활용된 전형적인 패턴과는 대조적으로 내쉬 균형의 개념은 점진적으로 사회과학에서 자연과학으로 흘러 들어갔는데, 그로부터 20년 후 생물학자들은 그의 연구를 동물과 식물의 진화와 상호작용 논리를 이해하는 데 활용하기 시작했다.

가변적인 위협게임 한 참가자가 사전에 동의된 전략에서 벗어날 경우 상대가 선택된 벌칙들 중 한 개를 고를 수 있는 게임

다양체와 유동체의 흐름에 대한 연구

　내쉬는 국제수학계에서 독창적인 아이디어를 가진 재능 있는 연구자로서 명성을 얻었다. 게임이론에 대한 연구로도 인정을 받기는 했으나, 주로 1950년대에 행한 다양체 매장과 유동체의 연속적인 흐름에 대한 연구에서 얻어진 결과로써 명성을 얻었다. 1950년 프린스턴 대학에서 박사학위를 받은 후에 그는 전임강사 1년간 프린스턴 대학에 남았다. 그 후 1951년에 케임브리지에 있는 매사추세츠 공과대학의 수학부에서 C.L.E. Moore 전임강사로서의 2년간의 임용을 수락했고, 1953년에 조교수가 되었다. 그의 변칙적인 교수법과 시험 방법 때문에 학생들에게는 별로 인기가 없었지만 그의 실대수학적 다양성과 리만 기하학, 포물선 및 타원방정식 및 편미분방정식으로 동료들의 존경을 받았다.

　1949년 내쉬는 프린스턴 대학원 학생으로서 다항방정식의 뿌리에 대한 연구와 대수기하학의 문제 해결법에서 상당한 발전을 이루어냈다. 하지만, 그는 대안적 논문 주제가 되는 게임이론에 대한 정리 때문에, 수학계에서 게임이론에 대한 그의 연구를 받아들이지 못한다고 생

각했다. 이 대안 연구에서 내쉬는 다양체로 알려진 광범위한 기하학적 표면 범주의 어떤 요소라도 대수적 다양성, 혹은 보다 고차원적 공간 안에서 다항방정식에 의해 정의된 하나의 표면과 밀접하게 관련되어 있다는 것을 증명하려고 했다.

내쉬는 1950년 9월 하버드 대학교에서 열린 국제수학자 학술대회에서 〈다양체의 대수적 근사값〉이라는 제목의 예비논문을 발표한 이후, 이 연구를 완결시키는 데 1년을 더 보냈다. 1952년 11월 〈수학의 기록들〉에 실린 〈실제적인 대수적 다양체〉라는 제목의 최종논문은 대수기하학에 상당한 공헌을 했음을 보여 준다. 그의 연구 결과는 다양체를 대수적 다양성 이상의 복잡한 대상이라고 생각했던 다른 수학자들을 놀라게 했다. 그의 연구로 인하여 수학자들이 다항식들의 0들^{zeros}을 분석함으로써 다양체들과 그와 관련된 함수를 연구할 수 있게 되었다.

그후 2년 동안 내쉬는 연구 결과를 더욱 발전시켜서 등거리 매장, 즉 한 다양체로부터 두 공간에서 대응하는 점의 쌍들 사이의 거리를 유지하는 좀 더 고차원적 공간까지의 사상^{map}에 대한 두 개의 추가논문을 발표했다. 1953년 봄에 프린스턴에서 열린 한 세미나에서 그는 한 개의 리만 다양체를 3차원적인 유클리드 공간으로 매장시키는 방법을 발표했다. 이 방법을 묘사하고 있는 그의 논문 〈C1 등거리 매장〉이 1954년 11월에 발행된 〈수학의 기록들〉에 실렸다. 이 매장은 점들간 거리의 측정값을 유지하나 새로운 표면이 바람직하지 않은 특성을 지니는 특이점으로 알려진 불규칙성을 가지고 있다.

그 논문이 출판될 시점까지는 난제를 해결하여 〈리만 다양체의 매장

문제〉라는 제목으로 더욱 자세한 논문을 제출했고, 이는 1956년 11월판 〈수학의 기록들〉에 실렸다. 두 부분으로 되어 있는 내쉬의 기술은 이러한 특이점을 없애기 위한 마무리 기술이 따라오는 다항방정식의 근을 찾아내기 위한 반복적 절차를 포함하고 있다. 내쉬의 매장정리는 그 과정에서 제기되는 편미분방정식 문제를 해결하기 위한 신기술을 소개했는데, 이는 나중에 러시아 출신 기하학자 고르모프가 '벼락 맞기'라고 묘사할 정도로 독창적인 기술 혁신이었다.

프린스턴의 수학자 존 H. 콘웨이는 내쉬의 매장정리를 20세기 수학적 분석의 가장 중요한 작품들 중 하나로 분류했다. 독일 수학자인 몬세르가 1966년에 내쉬의 기술을 변형하여 천체역학에 적용하자 이 방법은 '내쉬-몬세르 정리'로 알려지게 되었다.

내쉬는 다양체에 대한 연구 외에도 움직이고 있는 유동체의 특성을 연구하는 유체역학을 검토했다. 〈미국 수학회 게시판〉은 유동체 역학의 불규칙한 움직임을 분석하기 위해서 편미분방정식을 활용한 그의 논문 '유동체 흐름의 연성질과 유일성에 대한 연구 결과'(1954)를 출판했다. 그는 슬로언협회 장학금을 획득하여 1956~1957년을 프린스턴의 선진학문연구소(IAS)에서 보낼 수 있었으며, 뉴욕 대학교의 쿠란트 수리과학연구소의 연구 수학자들을 방문했다. 이 해에 그는 학회에서 '포물선 방정식'을 발표했고, 1957년 〈국립과학회학술 회보〉에 실린 연구와 1958년 〈미국 수학 회보〉에 발표된 좀 더 자세한 논문인 〈포물선 및 타원방정식 해결의 영성질〉을 완결했다. 이 논문들에서 포물선과 타원방정식에 대한 존재성, 유일성 및 영성질 정리를 발전시켰다. 그는 비선형 미분방정식을 좀 더 단순한 선형방정식으로 변형시킨 후 비선형적 방법으로 풀어내는 또 하나의 혁신적인 접근법을 소개했다. 그의 이러한 연구논문이 쿠란트 연구소에 임용되는 등의 커다란 관심을 불러 일으켰으나 타원함수의 경우 이태리 출신 수학자인 에니오 데 지오르지가 최근 다른 방법을 사용하여 동일한 결과를 얻어냈었다는 것을 알고 실망을 금치 못했다.

또한 내쉬는 1950년부터 1954년까지 미국 공군의 재정 지원을 받는 캘리포니아 산타모니카 소재 연구개발대행사인 랜드 코퍼레이션 사의 자문으로 일했다. 그는 게임이론의 군사 및 외교 전략에 대한 적용을 분석한 일단의 기술 논문들과 비망록들을 작성했다. 1950년 8월 그는 〈비례적 비선형 유틸리티〉라는 제목의 논문과 '2인용 협력게임'이라는 비망록을 제출하였는데, 이는 위협을 포함하는 게임에 대한 그의 1952년도 비망록인 '그것들을 하기 위한 몇몇 게임과 기계들'에서는 게임을 하기 위한 연산법의 컴퓨터화를 논하고 있다.

그는 1952년 랜드^{RAND} 사의 동료인 쓰롤과 게임이론의 잠재적인 군사적 적용을 분석한 '몇몇 전쟁게임들'을 공동 저술했다. 미시간 대학교에서 온 랜드 사의 두 연구자 칼리쉬와 네링, 그리고 프린스턴의 동료인 밀너와 함께 《의사결정과정》이라는 단행본 안에 〈몇 가지 실험적인 n명 게임들〉(1954)이란 제목으로 펴낸 공동연구는 실험 경제학 분야에서의 기초 공사로 이어지는 피고용인을 포함하는 교섭 실험의 결과에 대해 보고하고 있다. 그가 쓴 1954년의 랜드 비망록들인 '기계의 메모리를 위한 고차원적 핵심 배열', '미분게임의 해결을 위한 계속적인 반복법' 및 '평행선 통제'는 게임이론의 컴퓨터 적용에 초점을 맞추었다. 그러나 이후 내쉬는 불법 행동 혐의로 경찰에 체포되었고, 비밀 정보사용 허가권을 박탈당하고 1954년 랜드 사에서 해고되었다.

정신병과의 싸움

1950년대 후반부터 1980년대 후반까지 내쉬의 삶과 촉망받던 경력은 수학적 통찰력이 잠깐씩 돌아왔던 기간들을 제외하고는 정신질환과의 기나긴 싸움으로 퇴보했다. 1957년 2월에 그는 제자였던 알리샤 에스더 라드와 결혼했다. 1년 후에는 MIT 대학에서 그에게 종신 재직권을 주었으나 곧 환청과 함께, 외계인들이 〈뉴욕 타임스〉에 실린 기사들을 통해서 그에게 암호화된 메시지를 보내고 있다고 주장하는 등 심각한 정신질환 증세를 보이기 시작했다.

1959년 4월 그의 아내는 보스턴 외곽의 사립정신과병원인 맥린 병원에 입원시켰는데, 의사들은 그에게 편집성 정신분열증이라는 진단을 내렸다. 두 달 뒤에 병원을 나온 내쉬는 MIT 대학의 직위를 사임하고 아내와 갓 태어난 아들 존 챨스 마틴 내쉬를 떠나 유럽으로 갔으며, 미국 시민권을 포기하려 했다. 하지만 가족과 다시 재회하여 프린스턴으로 이사한 후 뉴저지의 트렌턴 주립병원에서 인슐린 쇼크 요법으로 치료받으며 몇 개월을 보내게 되었다.

병이 완화되었던 기간에 내쉬의 동료들이 국립과학재단으로부터 자금을 지원받아 그에게 1961~1962년 선진학문연구소의 자리를 주었

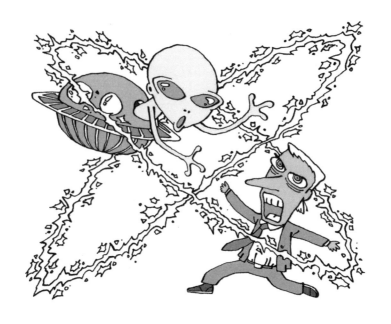

다. 유체역학의 주제로 돌아온 그는 유동체 흐름 분석을 위한 편미분방
정식의 활용에 대한 예전 연구를 확대했다. 〈프랑스 수학회 게시판〉에
실린 논문 〈일반적인 유동체의 미분방정식을 위한 코시의 문제〉(1962)
에서 그는 19세기 프랑스 수학자인 오거스틴-루이 코시가 공식화했
던 문제에 대한 해의 존재와 그 유일성을 증명해냈다. 그의 연구로 인
하여 다른 연구자들은 편미분방정식에서 일반적인 네비어-스트로크
스 방정식에 대한 관련 결과들을 이끌어낼 수 있었다.

　1960년대 중반 요양소에서의 장기간 요양 후 내쉬는 수학적으로 업
적이 높았던 두 번의 시기를 더 경험하게 된다. 1963년 아내가 이혼 소
송을 내자 그는 뉴저지 벨 미드의 캐리어 클리닉에서 의사들에게 항정
신성 의약품인 소라진 처방을 받으며 5개월 동안 치료받았다.

그는 1963~1964년에 프린스턴 고등연구소(IAS)에 재직하는 동안 평면들에 대한 특이점들을 해결하는 기술을 개발해냈다. 일본 수학자인 히로나카는 논문 〈산수와 기하Ⅱ〉(1983)에서 이 방법을 묘사하면서 이 기술을 '내쉬의 폭발적 변형'이라고 이름 붙였다. 1965년에 캐리어 클리닉에서 8개월을 보낸 후 그는 매사추세츠 월덤에 있는 브랜디스 대학교에서 협력연구원으로 2년간 일했다. 1966년에는 〈수학의 기록들〉은 등거리 매장 정리에 대한 이전 연구를 확대한 논문 〈분석 자료가 있는 음함수 문제 해에 대한 해석〉을 출간했다. 같은 해에 〈특이점의 역구조〉(1995)라는 또 다른 논문을 썼는데, 이 논문은 〈듀크 수학 저널〉이 그의 평생 연구에 헌정한 특별판 속에 실을 때까지 출판되지 않고 남아 있었다.

1970년대와 1980년대에 내쉬는 밤중에 프린스턴 대학의 수학과 건물들을 돌아다니며 칠판에 암호 같은 메시지를 갈겨쓰는 고독한 형체인 '파인 홀의 유령'으로 알려졌다. 그는 전 부인인 알리사의 집에 살면서 프린스턴 대학의 도서관과 컴퓨터 센터에서 독립적인 프로젝트를 진행하면서 시간을 보냈다.

1970년대에 했던 연구의 대부분이 기여한 바가 거의 없으나, 그는 결국 숫자가 큰 수량의 정확한 가치 계산을 위한 컴퓨터 프로그램을 개발해냈다. 1990년대 초반 내쉬는 정신질환으로부터 점차 회복되었으며 제한적으로 다시 학생을 가르치기도 했다.

뷰티풀 마인드, 노벨상을 받다

  많은 기관들이 내쉬의 연구의 중요성을 인정했다. 1978년 운용 연구
와 경영과학연구소는 비협력게임에서의 내쉬 균형 이론 도입에 대하여
존 폰 노이만 이론상을 주었다. 또한 계량경제학회, 미국 기술과학회,
국립과학회가 그를 회원으로 받아들였다. 특히 미국 수학협회는 논문
〈리만 다양체의 매장 문제〉에 대하여 1999년도 '르로이 P. 스틸 획기적
연구 공헌도 상'을 주었으며, 1994년에는 헝가리 경제학자인 존 C. 하
르사니, 독일 수학자인 라인하르트 셸텐과 함께 게임이론에 있어 선구
적인 연구로 경제과학 분
야의 노벨상을 공동 수상
했다.

  내쉬는 서서히 수학자로
서의 직무로 돌아갔다.
  1996년 8월 그는 스페
인 마드리드에서 열린 제
10회 세계정신의학회 본
회의에서 자신이 겪은 정
신질환과의 싸움에 대해
설명했다. 이듬해 〈게임이
론에 대한 에세이들〉에서
게임이론에 대한 글 7개를

모아 발표했으며 2001년에는 정신질환에서 회복될 수 있게 도왔던 전부인 알리사와 재혼했다. 그의 생애를 전기적으로 생생하게 묘사하한 영화 '뷰티풀 마인드'가 개봉되었다.

현재 내쉬는 수석연구 수학자로서 프린스턴 대학의 교수직을 유지하고 있으며, 수학적 논리, 게임이론, 우주론 및 중력에 대한 연구를 계속하고 있다. 그리고 2003년에 펜실베이니아 주립대학교에서 이상적인 임금, 4차원, 중력의 파장 및 비협력게임 등을 주제로 한 강의를 했다.

인간 승리를 이룬 수학자

1948년부터 1958년까지 내쉬는 게임이론, 대수기하학, 그리고 유동체역학에 근본적인 공헌을 하였는데 내쉬 균형, 내쉬 교섭 해, 그리고 내쉬 프로그램의 도입은 협력 및 비협력게임에 대한 연구에 혁명을 가져왔다.

다양체의 등거리 매장에 대한 내쉬-모서의 정리는 대수기하학에서 중요한 문제 해결에 기여했고, 유동체 역학에 대한 연구는 편미분방정식 이론에 있어서 새로운 기술들을 소개했다. 그는 정신질환과의 30년에 걸친 싸움에서 회복한 이후에 노벨 경제학상을 받았다.

존 H. 콘웨이

John Horton Conway
(1937~)

게임을 즐기다보면 초현실적인 숫자를 만나게 될 것이다.
나는 케임브리지에서 수학 공부를 해야 하는 동안에도
온종일 게임을 하면서 종종 죄책감을 느끼곤 했다.
하지만, 그 초현실적인 숫자를 발견했을 때, 나는 곧 깨달았다.
게임을 하는 것이 곧 수학이었음을….

– 콘웨이

존. H. 콘웨이는 게임의 수학적 분석,
정수론 및 유한집합의 분류에 대한 새로운 개념들을 소개했다.

– 로버트 매튜스

생존게임의 창시자

존콘웨이는 생존게임을 만들어냄으로써 '세포 자동자'의 개념과 '게임의 수학적 분석'이라는 개념을 많은 사람들에게 소개했다. 그의 초현실적 숫자들에 대한 개념은 숫자와 게임에 대한 수학자들의 이해를 변화시켰다. 콘웨이군과 유한군에 대한 좌표근방계는 군론의 오래된 질문들에 대해 해답을 줄 수 있었다. 그의 저서와 논문들은 구면 메우기, 격자, 부호, 매듭 등과 같은 수학의 수많은 분야에 커다란 공헌을 했다.

기하학적 퍼즐과 유한집합

존호튼 콘웨이는 1937년 12월 26일 영국 리버풀에서 씨릴 호튼 콘웨이와 아그네스 보이스 콘웨이 사이에서 태어났다. 리버풀 아동연구소의 실험실 보조 직원이었던 아버지는 콘웨이와 그의 두 누나들에게 어린 나이부터 과학 및 수학적 생각들을 접하게 해 주었다. 그는 4살이 되었을 때 2의 거듭제곱($2^1=2$, $2^2=4$, $2^4=8$, $2^8=16$)과 같은 산수계산을 암산으로 할 수 있었다. 초등학교 전 과목에서 매우 우수한 성적을 거두었으며, 11살 때 이미 자신의 목표가 케임브리지 대학교의 수학교수가 되는 것이라고 선언했다. 그는 중학교에서도 수학 과목에서 최고의 학생이었으며, 천문학, 거미와 화석에도 흥미를 갖게 되었다.

콘웨이는 고등학교를 졸업하고 케임브리지 대학교의 곤빌 앤드 카이우스 단과대학에 장학생으로 입학하였으며, 1959년에는 수학으로 학사학위를 취득했다. 그는 케임브리지 대학교에서 정수론가인 해롤드 대번포트의 지도로 대학원 수준의 연구를 행하면서 자신의 학업을 계

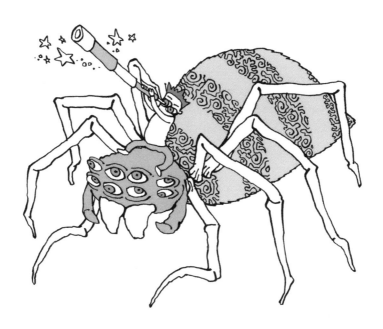

속했다. 그는 박사학위논문에서 모든 양의 정수는 각각 다섯 번째 거듭
제곱까지 나타나는 37개의 정수의 합으로 표현할 수 있음을 증명함으
로써 고전 정수론에서 공개된 난제를 풀었다. 그리고, 대학원에 다니는
동안 수학적 논리와 초한수, 무한성의 다른 수준들을 지정하는 수들의
성질에 관심을 갖게 되었다. 그리고, 1960년에 소속 단과대학의 순수
수학에 대한 브라운 상을 받았고, 2년 후 박사학위를 받았으며, 케임브
리지의 순수수학과 강사로 임용되었다.

콘웨이는 케임브리지 대학에서의 학창시절과 학자생활 초기에 기하
학적 퍼즐과 그 관련성들을 깊이 있게 연구했다. 1961년 그와 동료였
던 가이는 덴마크 발명가인 파이어트 하인이 소개한 3차원적 퍼즐인
소마 큐브를 분석했다. 그들은 일곱 개의 불규칙한 모양들을 한 개의
$3 \times 3 \times 3$ 정육면체로 결합시키는 240개의 방법을 알아냈다. 콘웨이는
나중에 18개의 조각이 한 개의 $5 \times 5 \times 5$ 정육면체를 형성하는 '콘웨이
퍼즐'로 알려진 더 큰 변분을 발명했다. 또한 케임브리지 철학회 연보
에 출판된 논문 〈퍼킨 부인의 퀼트〉(1964)에서 어떠한 간격이나 겹치는
부분 없이 $n \times n$ 크기의 사각형을 덮는 다양한 크기의 사각형의 최소
숫자에 대한 연구 내용을 발표했고, 이 외에도 평생 이와 유사한 타일
붙이기, 테셀레이션 및 덮기 문제에 대한 수많은 연구논문을 썼다. 그와
가이는 또한 '폴리톱스' 혹은 '폴리코라'라고 알려진 4차원의 기하학적
모양들을 연구했다. 1965년 덴마크 코펜하겐에서 열린 볼록면체에 대
한 토론회에서 〈4차원적 아르키메데스식 폴리톱스〉라는 논문을 통해
대형 반각기둥이라고 불리는 새로운 모양을 포함한 64개의 볼록면에,

각주가 없는 같은 모양의 폴리코라에 대한 목록을 발표했다.

또한 콘웨이는 매듭의 성질에 대한 수학적 연구인 매듭이론에 새로운 생각과 혁신적인 기수법을 도입했다. 그는 고등학교 시절에 매듭의 기본적인 2차원적 구성 요소인 '엉킴'에 대해 연구하였는데, 〈추상 대수학의 계산 문제들〉에 출판된 〈매듭과 연결 부위들, 그리고 그들의 몇몇 대수학적 성질들에 대한 목록〉(1967)이라는 논문에서 엉킴의 측면에서 매듭을 식별하기 위한 간결한 방법을 제공하는 콘웨이 매듭 기수법을 소개했다. 그는 또한 콘웨이의 매듭과 콘웨이 다항식을 소개했다.

1960년대 후반 콘웨이는 기하학적 구조에 대해 대규모의 분석을 했는데, 이는 세 개의 새로운 물체의 발견과 더불어 수학적 구조들의 분석과 관련된 대수학의 분야인 군론의 고전적 난제에 대한 해결로 이어지게 되었다. 1965년 영국 수학자인 존 리치가 각각의 물체가 196,560개의 다른 물체들에 닿을 수 있도록 24차원에 있는 초구들을 채우는 방법을 찾아냈는데, 콘웨이는 이 리치 격자의 수학적 성질을 단 한 번의 12시간 연구 세션 동안에 완벽히 분석해냈다.

그는 자신의 발견을 미국 국립과학회 연보에 논문 〈위수가 8,315,553, 613,086,720,000인 완전군과 간헐 단순군〉(1969)을 발표했고, 런던 수학회 게시판에 〈위수 8,315,553,613, 086,720,000의 완전군〉(1969)이라는 논문을 발표함으로써 더욱 완전한 설명을 제시했다. 콘웨이는 그때까지 알려진 거의 모든 유한, 간헐 단순군의 구조들을 내부에 포함하는 대규모 군에 대한 세부 설명을 제공했다. 또한 그는 이 구조가 전에는 알려지지 않았고, 현재는 콘웨이군들로 알려진 4,157,776,806,543,360,000개의 원소를 가지는 Co_1, 42,305,421,312,000개의 원소를 가지는 Co_2 그리고 495,766,656,000개의 원소를 가지는 Co_3를 포함하고 있음을 보여 주었다.

그 후 15년 동안 콘웨이와 케임브리지의 이전 박사과정 학생들은 대수학자들이 1세기가 넘도록 해결하려고 노력해왔던 문제인 모든 유한군의 완벽한 목록을 만들어내었다. 그들은 〈유한군 좌표근방계−단순군을 위한 최대 부분군과 일반적인 특성들〉(1985)에서 모든 유한군들의 범주와 그 구조에 대해 자세히 설명했다.

이 기간 동안 콘웨이는 런던 수학회 게시판에 노튼과 공저한 논문 '괴물의 달빛'(1979)를 포함하여 '특수집합'에 대해 논하는 수많은 논문을 냈다. 그들은 이 논문에서 8×10^{53} 이상의 원소를 가진 괴물군을 분석하여 타원함수이론과 관련시키는 달빛 해독법을 제시하였는데, 이 해독법의 해는 1998년에 영국 수학자 리차드 보셔드에게 필즈 메달을 안겨 주었다.

콘웨이 매듭 더 단순한 매듭들의 조합에서는 만들어질 수 없는 11개의 교차점이 있는 새로운 매듭

콘웨이 다항식 대수학적 성질들이 연관된 매듭의 기하학적 성질들과 일치하는 다항식

생존게임

콘웨이는 게임수학에 빠져 들면서 새로운 게임의 발명이 취미이자 연구 주제가 되었다. 1960년대에 그와 케임브리지 대학교 동료인 마이클 S. 패터슨은 두 사람이 연필과 종이로 하는 스프라우트게임을 발명했다. 이 게임은 한 장의 종이 위의 두 점에서 시작하는데, 참가자들은 이미 그려진 곡선은 지나가지 않도록 두 점을 잇는

한 개의 곡선을 교대로 그리고 그 새 곡선 주위에 새로운 점을 추가한다. 그리고 한 참가자가 다른 곡선을 지나가지 않거나 혹은 이미 세 점에 연결된 한 점에 연결하지 않고 곡선을 그릴 수 없을 때 게임은 끝이

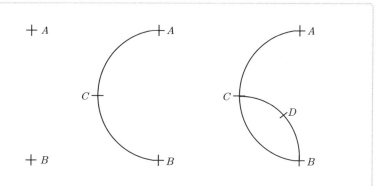

콘웨이가 발명한 종이와 연필을 사용하는 게임 중 하나가 스프라우트 게임이었다. 두 교차로 A와 B에서 시작한 다음 첫 번째 참가자가 할 수 있는 움직임은 각 교차로의 한 팔을 연결시키고 C에서 새로운 가로선을 추가하는 것이다. 두 번째 참가자는 아마도 C의 한 팔을 B의 한 팔과 연결시키고 D에서 새로운 가로선을 추가하는 것을 선택할 것이다. 게임은 한 참가자가 기존의 곡선을 지나치지 않고 두 팔을 연결할 수 없을 때까지 계속된다.

난다. 콘웨이는 나중에 점 대신에 교차로를 사용하고 네 가장자리가 각 교차로에서 만나도 되는 스프라우트로 알려진 이 게임의 개정판을 소개했다.

콘웨이가 발명하고 분석한 또 다른 게임은 '풋볼'과 '실버 코이니지'이다. 철학자의 축구 혹은 풋볼이라고 하는 게임은 두 명이 바둑판 같은 사각 격자 눈금 위에서 검정색과 흰색 말을 가지고 하는 것이다. 참가자들은 공을 대표하는 검정색 말이 판의 중앙에 놓인 후, 그 공을 판의 상대편 가장자리에 있는 골라인을 지나도록 움직이려는 시도를 한다. 다만 판 위에 교대로 흰색 돌을 한 개씩 놓거나 흰색 돌 한 개나 그 이상으로 그 공을 건너뛰어야 한다.

콘웨이는 1970년대에 숫자게임인 실버 코이니지를 만들어냈는데, 두 명의 참가자가 이전에 도입된 코인의 어떤 조합으로도 만들어낼 수 없는 금전적 합계를 나타내는 새 코인 한 개의 가치로서 하나의 양의 정수를 교대로 대는 것이다. 1976년에 〈미국 수학〉에 실린 영국 태생의 캐나다 수학자인 리차드 가이의 글 '콘웨이의 실버 코이니지에 관한 20개 질문'은 이 게임의 수학적 양상에 대해 설명하고 있다.

1970년 콘웨이는 그의 가장 널리 알려진 생존게임을 발명하게 된다. 그 게임에서는 한 개의 사각 격자 눈금 위의 각 셀은 살아 있거나 죽은 것으로 지정이 된다. 시간적 단계, 혹은 세대가 연속됨에 따라 각 살아 있는 셀은 살아남거나 죽게 되며, 각각의 죽은 셀은 이웃하는 여덟 개의 셀 상태에 따라 죽은 채로 남아 있거나 다시 생명을 얻게 된다. 이웃하는 셀이 두 개가 안 되는 살아 있는 셀은 다음 세대에서 고립되어 죽게 되며 반면에 이웃하는 셀이 세 개 이상인 살아 있는 셀은 인구과밀로 죽게 된다. 정확히 세 개의 이웃하는 셀을 가진 한 개의 죽은 셀은 다음 단계에서 다시 살아난다.

콘웨이는 $\frac{23}{3}$으로 알려진 단순한 규칙의 세트들을 가지고 성장하고 재생산하며, 환경과 상호작용하는 셀들의 배열과 순환적 패턴을 만들어내거나 시간이 경과함에 따라 하나의 고정된 패턴으로 집중되는 셀의 많은 배열들을 발견했다. 그가 '깜빡이들'이라고 불렸던 세 개의 셀의 행이나 열은 한 세대에서 다음 세대로 수평과 수직으로 번갈아 가며 나타났다.

세 개의 셀 그룹이 L−모양을 이루는 (C)는 고정된 상태로 유지되는 2×2셀 블록이 되었다. 네 개의 셀이 이루는 T−모양의 패턴 (E)는 안정되어 9세대가 지난 후 네 개의 깜빡이 한 세트를 형성했다. 글라이더라고 알려진 패턴으로 배열된 다섯 개의 셀 (F)는 매 4세대마다 대각선으로 한 개의 공간을 이동했다.

수학 작가인 마틴 가드너는 콘웨이의 생존게임을 1970년 10월부터 1975년 12월 사이에 〈과학적 미국인〉에 실린 자신의 칼럼 '수학적 게임들'에 10회분으로 연재했다.

즉각적인 성공으로 '생존'은 많은 청중들에게 세포 자동자의 개념, 즉 하나의 셀과 그 주변 셀의 상태에 관련된 규칙에 따른 셀의 사각 눈금상에서의 패턴의 생성을 소개했다. 아마추어 수학자들과 직업적 수학자들이 다양한 초기 세포배열을 분석하기 위해 생존을 컴퓨터에서 실행시켰다.

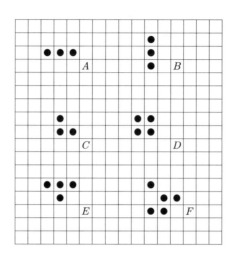

콘웨이의 생존게임에서 세 셀의 행(A) 혹은 세 셀의 열 (B)이 한 세대에서 다음 세대로 수평적이고 수직적으로 번갈아 나타나는 깜빡이들을 형성한다. 세 개의 셀 그룹이 L – 모양을 이루는 (C)는 고정된 상태로 유지되는 2×2 셀 블록이 된다. 네 개의 셀이 이루는 T – 모양의 패턴 (E)는 안정되어 9세대가 지난 후 네 개의 깜빡이 한 세트를 형성한다. 글라이드라고 알려진 패턴으로 배열된 다섯 개의 셀 (F)는 매 4 세대마다 대각선으로 한 개의 공간을 이동한다.

콘웨이가 가드너 칼럼의 독자들에게 무제한으로 계속될 수 있는 생존 형태를 만들어내라는 과제를 주었을 때 매사추세츠 인공지능공학연구소의 고스퍼가 글라이더를 무제한 연속으로 생산하고 배출할 수 있는 글라이더 총을 발견했다. 과학 연구자들은 생존과 다른 형태의 세포 자동자들을 살아 있는 유기체들의 세대 사이의 정보 전달에 있어서 DNA의 역할을 모델링하고 진화의 과정과 자연 선택에 대한 의문점을 조사하는 데 활용했다.

게임의 수학적 분석에 대한 콘웨이의 흥미는 초현실적 숫자들로 알려지게 된 숫자의 새로운 범주의 개발로 이어졌다. 1970년대 바둑게임을 분석하면서 그는 각 대회의 마지막 부분이 많은 성질들을 숫자들로 공유하는 조합으로 된 작은 게임들의 모음으로 구성된다는 것을 알게 되었다. 이러한 연구를 계속하면서 모든 2인용 게임이 수의 확장된 개념으로 개발된다는 것을 알게 되었다. 그리하여 초현실 숫자들이 정수, 유리수, 실수, 복소수, 초한수를 포함하는 수 체계의 자연적 완결판을 만들어내게 된 것이다.

미국의 컴퓨터 과학자인 크누트는 콘웨이를 신의 역할로 묘사한 공상과학소설인 《초현실 숫자들: 두 명의 전직 학생들이 순수수학으로 전환하여 완전한 행복을 찾아낸 방법》(1974)에서 '초현실'이라는 용어를 소개했다.

콘웨이는 게임과 그 분석, 숫자와 게임의 관련성에 대한 책을 세 권 저술하였는데, 《밝고 아름다운 모든 게임들》(1975)에서는 그가 발명한 몇몇 게임이 포함된 게임들을 분석했고, ONAG^{On Numbers and games}로 알려지게 된 〈숫자와 게임에 대하여〉(1976)에서는 게임의 수학적 분석과 초현실 숫자들 사이의 관계에 대해 설명했다. 또한 1982년에는 동료 수학자인 리차드 가이, 엘윈 벌리캠프와 〈당신의 수학적 게임을 이기는 방법〉(1982)을 써서 수백 가지 전략게임에 대한 정교한 수학적 분석을 제시했다. 특히 이 책의 25장에서는 생존게임이 보편적으로 사용될 수 있는 '튜링 기계'임을 증명하였는데, 이는 수학을 이용한 생존게임이 어떤 문제에도 해답을 줄 수 있는 컴퓨터로 사용될 수 있음을 의미한다.

콘웨이는 기하학적 퍼즐, 매듭이론, 유한군, 그리고 게임이론에 대한 그의 업적으로 수학계에서 인정을 받게 되었다. 그는 1964년에는 케임브리지 대학교의 시드니서섹스 단과대학, 1970년에는 곤빌 앤 카이우스 단과대학의 회원으로 선출되었다. 런던 수학협회는 유한군에 대한 그의 연구에 대해 1971년 버위크 상을 수여했다.

1975년에는 가드너가 자신의 저서 《수학의 카니발》을 유희적 수학에 대한 공헌을 기리며 콘웨이에게 헌정했다. 같은 해에 케임브리지는 그를 순수수학과 수학적 통계학 강사에서 조교수로 승진시켰는데, 이 직위는 그가 1983년 교수직으로 승진한 1983년까지 유지했다. 그는 1981년에 런던 왕립학회의 회원으로 선출되었을 때 자신의 조국에서 받을 수 있는 최고의 학문적인 영예를 받았다.

수의 분석

콘웨이는 퍼즐, 게임, 군 그리고 매듭 뿐 아니라 수와 수열에 대해서도 많은 발견을 했다. 그는 〈작고 위대한 모든 숫자들〉(1972)에서 수의 성질에 대한 초기 연구 결과 중 일부를 출판했다. 또, 학술지 〈유레카〉에 출판된 논문 〈내일이 최후의 날의 바로 다음날이다〉(1973)에서는 과거나 미래의 특정한 날짜에 해당하는 요일을 머릿속으로 2초 내에 계산할 수 있게 해 주는 '최후의 날 연산법'을 설명했고, 이와 유사한 방법으로 유사한 시간 내에 달의 변화 단계를 알아낼 수도 있었다.

콘웨이는 오직 분수를 곱하는 계산으로 소수의 전체 수열을 만들어내기 위한 알고리즘을 개발해내고, 자신의 기술을 학술지 〈수학의 정보 제공자〉에 '문제 2.4'(1980)로 제시한 다음 독자들에게 자신의 방법을 분석해 보라고 요구했다.

그가 만든 '소수를 만들어내는 기계'는 A부터 N까지의 글자가 붙여진 14개 분수의 목록으로 구성되어 있었는데, 2로 시작하여 이 현재 숫자를 정수를 만들어내는 첫 번째 목록에 있는 분수로 곱한 후 답이 2의 거듭제곱이 될 때까지 반복했다. 이 식에 있는 지수가 다음 번 소수이며, 곱하기 과정을 계속한다. 이러한 단순하지만 비효율적인 알고리즘은 최초의 세 소수인 2, 3, 5를 만들어 내는 데 무려 280단계를 요구한다.

콘웨이는 학술지 〈유레카〉에 실린 논문 〈청각적으로 활성화된 부패의 기묘하고도 멋진 화학〉(1986)에서 '보고 말하기 수열'을 소개하고, 그 성질에 대해 철저하게 분석해 보였다. 숫자 1에서 시작하여 수열의 각 하위수열 항은 현재 항의 두드러지는 각각의 숫자가 연속적으로 나타나는 횟수를 읽어냄으로써 만들어진다. 이 규칙에 의해 두 번째 항은 11로 쓰이는 '하나의 1', 세 번째 항은 '두 개의 1들'이고, 21로 쓰인다. 네 번째 항은 '하나의 2 하나의 1' 혹은 1211이다. 다음에 오는 몇 개의 항들은 111221, 312211 그리고 13112221이다. 콘웨이의 논문에서 수열의 n번째 항의 자릿수가 λ^n에 비례하는 데 여기서 λ가 약 1.303577의 값이 차수 71의 특정 다항식의 유일한 양근인 콘웨이 상수이다.

콘웨이는 1988년 AT & T 벨 실험실$^{AT \& T\, Bell\, Labs}$에서 행한 '몇몇 미친 수열들'이란 강의에서 최초의 두 항이 $A(1)=1$, $A(2)=1$ 그리고

n번째 항이 $A(n)=A(A(n-1))+A(n-A(n-1))$인 식에 의해 규정되는 순환적으로 정의된 수열을 소개했다. 콘웨이의 순환적 수열로 알려진 이 수열의 최초 몇 개 항들은 1, 1, 2, 2, 3, 4, 4, 4, 5, 6, 7, 8, …이다.

그는 임의의 양의 정수 k를 위한 $A(2k)=2k-1$, 임의의 양의 정수 n과 n의 큰 값들을 위한 $A(2n)2 \leq A(n)$, 이 수열의 일반항이 $\frac{n}{2}$에 매우 가깝다는 것을 보여주었다 그는 $n > N$일 때는 언제나 $\left| \frac{A_n}{2} - \frac{1}{2} \right| < \frac{1}{20}$이 되는 정수 N을 찾아내는 사람에게 1,000달러의 상금을 제공하였는데, 1991년에 벨 연구소$^{\text{Bell Labs}}$의 연구원인 콜린 L. 맬로우스가 $N=1,489$가 이 조건을 만족한다는 것을 증명하여 이 상금을 받았다.

그동안 콘웨이는 수와 그 성질에 관련된 책을 두 권 써냈다. 리차드

$$\frac{17}{91} \quad \frac{78}{85} \quad \frac{19}{51} \quad \frac{23}{38} \quad \frac{29}{33} \quad \frac{77}{29} \quad \frac{95}{23} \quad \frac{77}{19} \quad \frac{1}{17} \quad \frac{11}{13} \quad \frac{13}{11} \quad \frac{15}{14} \quad \frac{15}{2} \quad \frac{55}{1}$$

$$A \quad B \quad C \quad D \quad E \quad F \quad G \quad H \quad I \quad J \quad K \quad L \quad M \quad N$$

콘웨이는 이렇듯 비효율적이지만 단순한 소수 생성 계산기를 이루는 14개 분수의 수열을 만들었다. 숫자 2에서 시작하여 현재 값을 목록에서 정수 결과를 만들어내는 첫 번째 분수로 반복적으로 곱한다. 답이 2의 거듭제곱이 될 때 지수가 다음 번 소수이다. 최초의 19단계가 $2M=15$, $15N=825$, $825E=725$, …, $68I=4=2^2$를 만들어내는데, 그러므로 2가 최초의 소수가 된다. 50단계가 더 지난 다음에 3이 두 번째 소수라고 결론짓게 되는 $8=2^3$을 얻는다.

가이와 공동 저술한《수의 바이블》(1996)은 정수론의 중요한 결과물인 정수, 분수, 그리고 초현실 수들과 같은 수의 성질들, $\pi \approx 3.14159$와 같은 특수 숫자의 성질들이 포함된 숫자들에 대한 생각들을 펴냈다. 또 10억, 조와 같은 용어들이 일관되게 사용되지 않음을 지적하면서 미국에서는 $3N+3$개의 0이 따라오고, 영국에서는 $6N$개의 0이 따라오는 숫자 1을 위한 n번째 '질리언'이라는 용어를 소개했다. 또 다른 한 권은 제자였던 스미스와 공동 저술한《4원수와 8원수에 대하여: 그들의 기하, 산술, 그리고 대칭》(2003)인데 4원수와 8원수로 알려진 숫자들의 분류를 활용하여 분석될 수 있는 4차원과 8차원적 기하학에 대한 연구를 설명하고 있다.

구, 격자 그리고 부호들

콘웨이는 대부분 미국에서 수에 대한 연구를 하였는데, 1984년에 케임브리지를 떠나 펜실베이니아 대학교의 라데마허 강사로 잠깐 있었고, 시카고 일리노이 대학교의 객원교수로서 1985년의 가을 학기를 보낸 후 뉴저지 프린스턴 대학교의 존 폰 노이만 수학회의 종신 직위를 받아들였다. 프린스턴에서는 구면 패킹, 정수 격자와 부호이론을 포함한 서로 연결된 주제들에 대해 논문과 저서를 계속 써 나갔다.

콘웨이와 미국 수학자인 닐 J. H. 슬로언은《구면 패킹, 격자들 그리고 군》(1988)을 공동 저술하였는데, 이 책은 숫자를 세는 기술에 대한 연구인 조합론의 최근 연구 결과들에 대한 조사를 발표하고 있다. 구면 패킹에 대한 기하학(고정된 양을 가진 하나의 공간 속으로 동일한 크기의 구들을 가장 효과적으로 배열하는 것)을 분석하는 다른 수학자들은 이 책을 동일 주제에 대한 '바이블'이라고 부른다.

1988년부터 1997년 사이에 콘웨이와 슬로언은 하나의 다차원적 공간 안에 규칙적이고 반복적 패턴으로 배치된 점들의 집합들인 격자로 알려진 대수학적 구조들에 대한 일곱 개의 논문을 같이 써냈다. 이것들은 런던 왕립학회의 회보에 발표되었으며, 총괄적으로 '저차원적 격자들'이라는 제목을 붙인 글들에서 2차 형식, 완전 형식, 행렬군, 좌표와 관련된 이슈들을 검토했다. 이 두 사람은 현재 《저차원 군들과 격자들의 기하학》이라는 가제가 붙여진 책을 저술하고 있다.

또한 콘웨이는 자료의 덩어리들을 조작하고, 전송하는 방법에 대한 분석인 부호화이론에 대한 연구 결과를 발표했다. 이 주제에 대한 그의 연구는 자동 이중 2진 부호에 대한 논문을 썼던 1970년대 후반으로 거슬러 올라간다.

1985년 그와 슬로언은 '다차원적 부호에 대한 해독 방법'으로 특허를 받았고, 그가 보다 최근에 행한 연구에는 〈신중한 수학〉에 출간된 논문 〈필수적인 사전적 부호들〉(1990), 조합론의 관련 학술지에 출판된 논문 〈모듈러 4의 정수들을 넘는 자동 이중부호〉(1993), 국제 수학협회 연보에 실린 논문 〈구면 패킹, 격자들, 부호들과 탐욕〉(1994)이 포함된다.

지난 15년간 작성된 세 개의 논문을 살펴 보면 콘웨이가 얼마나 다양한 것에 흥미가 있었는지를 알 수 있다. 그는 학회 연보인 〈군들, 조합론과 기하학〉에 출판된 논문 〈표면 군을 위한 Orbifold 기수법〉(1992)에서 추가적인 기하학적 성질들을 만족시키는 대수적 구조의 세 가지 형태인 결정학적, 구형, 벽지군을 계산하는 간단한 방법을 소개했다. 〈기회가 없는 게임들〉에 실린 논문 〈천사의 문제〉(1996)는 독자들에게 무한 크기의 체스 판으로부터 한 번에 사각형 하나씩 없앨 수 있는 악마가 한 번에 1,000개의 사각형까지 점프할 수 있는 천사를 잡을 수 있는지 결정할 것을 주문하고 있다.

2004년에는 콘웨이와 그의 프린스턴 동료인 사이몬 코첸이 특정 조건하에서는 원소입자가 자신들의 회전을 자유롭게 선택한다고 하는 양자역학의 한 가지 결론인 '자유의지 정리'를 증명했다. 두 수학자 모두 쟁점이 되고 있는 이러한 결론에 대해 두루 강의를 하고는 있으나 지금까지 증명을 출간한 적은 없다.

콘웨이는 프린스턴의 교수단에 합류한 이후로 계속 케임브리지에 있는 동안 받았던 상과 유사한 상들과 명예직을 받았다. 1987년 런던 수학협회는 그의 창의성과 상상력이 풍부한 논문에 대하여 폴리아 상을 수여했고, 같은 해에 전기 및 전자 공학자들을 위한 연구소는 그와 슬로언에게 정보이론에 대한 미국 전기전자공학협회(IEEE) 회보에 실린 그들의 논문 〈사전적 부호들: 게임이론의 오류 정정 부호들〉(1986)에 대해 그해의 뛰어난 논문상을 주었다.

1991년 콘웨이는 미국 수학회와 미국 수학연합회의 연합 여름 회의에서 자신의 저서 《관능적인(사각) 형태》(1997)의 기초를 형성한 강의인 얼 레이몬드 헤드릭 강연을 했다. 그 후 미국 인문과학학회는 1992년에 그를 회원으로 선출했다. 1998년 그는 새로운 지식에 대한 주요 공헌으로 노스웨스튼 대학교의 프레더릭에서 네머스 수학상을 받았다. 2002년에는 미국 수학회가 수학의 많은 부문을 설명해낸 공로를 인정하여 그를 수학적 설명문에 대한 르로이 P. 스틸 상의 수상자로 지명했다.

수의 바이블

존 H. 콘웨이는 수학자로서 살아온 50년간 10권의 저서를 남겼으며, 약 150개의 연구논문을 출간했고, 13명의 박사과정 학생들의 학위논문을 지도했다. 생존게임의 발명으로 많은 사람들이 세포 자동자와 수학적 게임의 연구에 대해 알게 되었다. 또한 초현실적 수들을 소개함으로써 수학자들이 수와 게임에 대한 이해를 재정의하게 했다.

콘웨이 군의 발견과 유한군의 분류를 완성한 그의 연구가 군론의 중요한 난제들을 해결했다. 그리고 문제를 제기하고 책과 논문을 저술함으로써 구면 패킹, 격자, 부호, 매듭이론 그리고 수학의 수많은 분야에 커다란 공헌을 해왔다.

신체의 벽을 뛰어넘은 무한한 공간의

스티븐 호킹

Stephen Hawking
(1942~)

스티븐 호킹은 블랙홀이론에 대한 수학적 기초를 만들었다.

– 마이클 S. 야마시타

내 생애 가장 큰 업적은 살아 있는 것이다.

– 스티븐 호킹

블랙홀의 수학

일반인들이 우주여행을 할 수 있게 된 지금까지도 우주는 까만 밤하늘에 총총히 빛나는 별들을 보며 소원을 빌던 옛사람들의 마음속 존재와 크게 달라지지 않았다. 이런 우주에 대해 이 시대의 가장 위대한 과학자 스키븐 호킹은 우리에게 블랙홀에 관련된 많은 이론들을 쉽게 풀이하여 우주를 한층 가깝게 느낄 수 있도록 했다.

루게릭병이라는 죽음의 장애를 극복하며 활발한 연구를 하고 있는 호킹의 업적은 수학 분야에서도 역시 빛난다. 그는 빅뱅$^{Big Bang}$이론이 일반 상대성 원리와 모순이 없다는 것을 보이는 연구에서 수학의 위상과 기하에 관련된 기술을 발달시켰다. 또한, 블랙홀이 형성되면 '호킹 방사'로 알려진 에너지 방출을 통해 모든 질량을 잃게 되고, 내부 물질에 대한 어떤 정보도 들어 있지 않고, 블랙홀이 증발하면 모든 정보도 사라진다는 주장을 내세우며 그 근거의 하나로 수학적 증명을 해 보였다. 석학

에게 주어지는 명예의 지위인 케임브리지 대학의 수학 루카시언 석좌
교수로서 그는 논의의 여지가 있는 '무경계' 제안과
'정보 역설'을 소개했다. 호킹 박사는 최근 자신의
블랙홀이론을 180° 수정하는 연구 결과를 발표하여
또 한 번 전 세계 과학계에 파문을 일으켰다.

그는 이런 엄청난 연구를 수행하면서 동시에 대
중과학 작가로서 비전문가들도 이해 가능한 진보
적인 과학적 아이디어를 담은 우주론에 관한 책들
을 저술해왔다.

위상수학 도형의 위상적
성질을 연구하는 기하학 분
야이다. 길이, 크기 따위의
양적 관계를 무시하고 도형
상호간의 위치나 연결 방식
따위를 연속적으로 변형하여
그 도형의 불변적 성질을 알
아내거나, 그런 변형 아래에
서 얼마만큼 다른 도형이 있
는가를 연구한다.

젊은 천재에게 다가온 위기

스티븐 윌리엄 호킹은 영국 옥스퍼드에서 1942년 1월 8일에 열대병
을 전공한 의학 연구원 프랭크 호킹과 물리학자의 딸인 이소벨 호킹에
게서 태어났다. 옥스퍼드 대학을 졸업한 그의 부모님은 호킹을 포함한
네 명의 자녀에게 지적 호기심을 자극하는 환경을 제공했다. 그의 아버
지가 1940년대 후반에 밀 힐에 영국 국립의학연구소 기생충학 과장이
된 후에 가족들은 런던 북쪽 교외에 있는 하이게이트에서 하트퍼드셔
세인트올번으로 이사 갔다.

1952년에서 1959년까지 호킹은 세인트올번 학교에 다녔다. 그는 수
월하게 수학을 익혔고, 수학에 관한 통찰력과 선천적인 능력을 입증했
다. 또한 화학 분야에 관심을 키워나갔고, 신학에 관한 논문 작품을 써

서 수상을 받기도 했다. 그리고, 1958년에 친구, 선생님과 함께 논리 유니섹터 계산 기계[LUCE]라 불리는 초기 컴퓨터를 고안하고 만드는 것을 도왔다. 학교가 끝나면 비행기 모형과 전기 장치를 만들기도 했고, 고도로 발달된 캐릭터와 복잡한 규칙이 통합된 보드 게임을 발명하면서 놀곤 했다.

1959년 호킹은 옥스퍼드 대학에 입학하면서 장학금을 받았다. 호킹의 아버지는 그가 의학과 생물학을 전공하기를 원했지만, 물리학과 수학과의 특별 자연과학 학생으로 입학했다. 첫해에 그는 수학 강의와 개별 지도에만 참석했고, 시험도 수학 과목만 보았다. 2학년 때에는 대학교 물리학상을 받았고, 물리학 분야에서 나타나는 우수성으로 블랙웰 서적상을 받았다. 그는 대학교 보트 팀의 보트 키잡이로 대학 대항 조정 시합에 참가하는 등 즐거운 대학 생활을 보내다 1962년 자연과학에서 최상급 예술학 학사학위를 받으면서 명예롭게 졸업했다.

옥스퍼드 대학을 졸업한 후에 호킹은 케임브리지 대학에서 응용수학과 이론 물리학과에서 대학원생으로 4년을 보냈고, 그곳에서 데니스 샤머 교수의 지도 아래 우주론과 일반 상대성이론에 대한 연구를 수행했다. 우주의 기원과 진화에 관한 연구인 우주론은 물리학의 높은 수학 분야이고, 20세기 초 독일에서 태어난 물리학자 알버트 아인슈타인에 의해 발견된 일반 상대성이론은 중력의 법칙과 우주의 행동 양식을 상세히 설명하는 이론이다. 또 다른 물리학 분야인 양자이론은 원자, 분자, 빛, 작은 소립자의 방사능의 특징을 설명하는 분야이다. 호킹이 대학원에 들어갔을 때, 상대성과 양자이론은 고전 물리학과 함께 아이작 뉴턴과 그 시대 사람들에 의해 형식화된 현대 물리학에서 현저하게 분리된 분야로 호킹의 물리학 교육 과정의 기초가 되었다.

1963년 1월, 호킹은 말하는 것과 걷는 것이 갑자기 힘들다고 느껴져 2주 동안 건강 진단을 받았다. 의사들은 그를 근위축성 측색 경화증(ALS) 또는 루게릭병으로 알려진 근육 체계의 퇴행성 질병, 운동 신경세포 질병으로 진단했다. 의사들은 그의 병 진행이 정신이 아닌 몸을 빨리 악화시키고, 2년 반 안에 그가 죽을 것이라고 판단했다.

호킹은 몸 상태가 좋지 않았지만, 계속해서 연구를 진행했다. 1965년 7월에 그는 런던 웨스트필드 칼리지에서 현대어를 전공하는 대학생 제인 월드와 결혼했다. 그녀는 후에 중세 포르투갈 문학으로 박사학위를 받았다. 1967년과 1979년 사이에 호킹 부부는 로버트, 루시, 티모시를 낳았다. 호킹은 결혼 후 5년 동안 점차 병이 진행되어 휠체어에 의지하게 되고, 말하는 능력이 점진적으로 악화되었지만, 케임브리지 대학 근처에서 셋집을 얻은 후 매일 출근하게 되었다.

블랙홀에 관한 끊임없는 연구

호킹은 우주론자로서 활동적인 연구자가 되었다. 1965년 런던의 왕립학회모임에서 호킹은 케임브리지 대학 천문학 교수 프레드 호일과 그의 대학원생 자얀트 나리카가 정상 우주론에 관해 발표하며, 제시한 주장에 대해 도전했다. 호킹은 그들이 보여 준 내용 중 한 방정식의 수학적 양이 유한개의 총합까지 더해지는 것이 아니라 발산한다는 것을 밝혀냈다. 이런 결론으로 이끈 수학적 발견물을 논문 〈중력에 관한 호일-나리카 이론에 대하여〉에서 요약했고, 그 논문은 그해에 〈런던 왕립학회 회보〉에서 발표되었다. 이 기사는 그의 동료 과학자들에 의해 수용되었고, 사람들은 그를 장래성 있는 젊은 연구자로 평했다.

1966년 호킹은 학위논문 〈우주론에서 특이성의 발생〉으로 물리학에서 박사학위를 받았고, 그 논문은 다음 해 〈런던 왕립학회 회보〉에서 세 부분으로 나뉘어 출판되었다. 그의 박사학위 연구는 블랙홀을 연구하고 있던 런던 버크벡 대학 응용수학교수인 로저 펜로즈의 연구를 토대로 했다. 미국 물리학자 존 휠러는 질량의 고밀도 농축이 너무나 커서 중력장이 어떤 질량 또는 에너지가 벗어나는 것을 방해하는 것을 묘사하려고 블랙홀이라는 용어를 도입했다. 펜로즈는 시공간 곡률이 무한인 블랙홀 중심의 시공간 특이성을 설명하는 수학적 이론을 발달시켰다. 그의 박사논문에서 호킹은 우주에 대한 펜로즈의 특이성 이론 아이디어를 완전한 이론으로 적용했다. 블랙홀에 대한 확장된 연구를 보여준 그의 출판되지 않은 평론 '특이성과 시공간 기하'는 1966년 케임브리지 대학으로부터 아담스 상을 받았다.

블랙홀 아인슈타인의 일반 상대성이론에 근거를 둔 것으로, 물질이 극단적인 수축을 일으키면 그 안의 중력은 무한대가 되어 그 속에서는 빛·에너지·물질·입자의 어느 것도 탈출하지 못한다는 검은 구멍이다.

펜로즈가 박사학위를 받은 후에 호킹은 케임브리지의 곤빌과 카이오 단과대학 이론물리학과에 특별연구원으로 2년 동안 임명되었고, 1968년에는 대학의 천문학협회 회원이 되었다. 그와 펜로즈는 우주의 특이성과 기원에 대해 더 밝히기 위해 공동으로 아이디어를 조사하고 연구했다. 그들은 현재

포괄적인 방법으로 알려진 일반 상대성을 계산하는 데 필요한 위상·기하적 기술을 광범위하게 개발했다. 공동연구에서 그들은 일반 상대성이론이 우주에 대해 정확히 묘사한다면 시간의 기원에서 특이성이 있어야만 한다고 입증했다. 호킹－펜로즈

빅뱅이론 대폭발설이라고도 부른다. 우주가 점과 같은 상태에서 약 200억 년 전에 대폭발이 일어나 팽창하여 현재에 이르고 있다는 이론이다.

정리는 우주가 블랙홀 폭발로 시작한다는 빅뱅이론을 수학적으로 증명했다. 〈런던 왕립학회 연보〉에서 발표된 이 연구를 설명하는 그들의 1970년 논문 〈중력 붕괴의 특이와 우주론〉은 블랙홀이론에 주요한 기여를 했다.

블랙홀에 대한 이론을 발달시키는 과정에서 호킹은 그가 후에 그릇됨을 증명한 몇 가지 불완전한 아이디어를 발표했다. 이런 주제 중 하나는 전자기 에너지가 넘어서 이동할 수 없는 블랙홀의 경계인 사건 지

평선에 대한 초기 분석 내용이다. 미국 물리학회 저널인 〈피지컬 리뷰 레터$^{Physical Review Letters}$〉에서 1971년에 출간된 그의 논문 〈블랙홀 충돌로부터 중력 방사선〉은 블랙홀 사상의 지평선의 표면 면적이 결코 감소할 수 없다는 주장을 제시했다. 〈수학적 물리학 커뮤니케이션〉에서 발표된 1973년 논문 〈블랙홀 역학의 네 가지 법칙〉에서 호킹과 공동 저자인 미국 물리학자 제임스 바딘, 영국 이론물리학자 브랜든 카터는 블랙홀이 왜 열역학 법칙이나 열과 운동의 연구 주제가 아닌지 설명하는 시도를 했다. 2년 내에 호킹은 부가적인 이론을 개발하기 위하여 이런 연구 결과를 버리고 반대로 열역학 법칙이나 열과 운동이 블랙홀이 연관된다고 말했다.

호킹은 1973년 천문학협회를 떠나 케임브리지의 응용수학과 이론물리학과에 연구원으로 들어갔다. 6년의 연구 후에 호킹과 남아프리카인 우주론자

조지 엘리스는 그들의 책 《시공간의 대규모 구조》를 완성했다. 그 연구가 전문가 독자를 위한 고전적인 우주론 이론을 담고 있고 블랙홀에 대한 최근의 발달된 이론을 포함하지 않았지만 16,000권 이상

팔리며 케임브리지 대학 출판부에 의해 출간된 베스트셀러 특수 연구서 중 하나가 되었다.

호킹 복사와 정보 역설

호킹은 블랙홀에 대한 초기 주장을 다시 검토해 보면서 기존 연구에 양자이론, 일반 상대성, 열역학의 원리를 적용했다. 그는 모든 세 개의 기술을 조합하면서 블랙홀이 '호킹 복사'로 불리는 복사에너지 유형을 방사한다는 놀라운 결과를 증명하는 데 성공했다. 이런 발견은 블랙홀의 사건 지평선의 표면 면적이 결코 감소할 수 없다는 그의 초기 주장을 부정하고, 달아나는 질량과 에너지가 결국 블랙홀을 움츠러들게 하고 사라지게 한다는 것을 의미했다. 그는 이 결과를 1974년 중력연구재단 상을 받은 에세이 〈블랙홀은 검지 않다〉에서 알렸고, 그 주장에 대한 자세한 증명을 그해 후반에 〈네이처〉에 논문 〈블랙홀 팽창〉으로 발표했다. 이 논문을 가리켜 이론물리학자 시애마는 이제껏 발표한 물리학에 관한 논문 중 가장 훌륭한 논문 중 하나라고 말했다. 1974년 3월에 이 발견과 빅뱅이론에 대한 그의 초기 연구를 근거로 왕립학회는 32살의 호킹을 특별회원으로 선출했다.

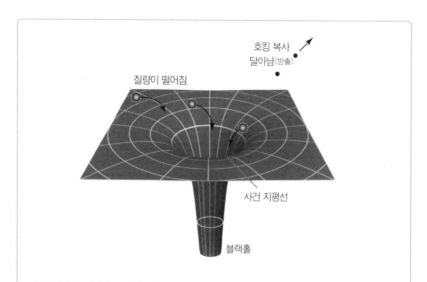

블랙홀에서 질량의 조밀한 농축은 너무나 거대해서 중력장이 빛을 포함하여 어떤 질량이나 에너지가 사상의 지평선, 즉 블랙홀의 경계선을 넘어 도망가지 못하게 방해하고 시공간에서 곡률을 만든다. 양자이론, 일반 상대성, 열역학의 원리를 사용하여 호킹은 수학적으로 블랙홀이 호킹 방사를 내뿜는다는 모순적인 아이디어를 입증했다.

호킹 복사의 발견은 물리학자에게 정보 역설로 알려진 명백한 모순을 제시했다. 호킹의 이론에 따르면 블랙홀로부터 달아난 방사능, 즉 복사에너지는 극소량도 없어지게 된다. 이것은 같은 질량, 전기 전하, 각운동량을 갖는 또 다른 블랙홀과 구별시키는 블랙홀 내부의 질량에 대한 정보를 전달할 수 없다는 것을 의미한다. 복사에너지의 충분한 양이 블랙홀로부터 달아난 후에 그것은 붕괴될 것이고 정보는 사라질 것이다. 이런 주장은 우주가 진화해도 계속 보존된다는 물리학의 기본 원리에 모순되었다. 호킹은 《물리학 평론지^{Review}》에서 출판된 1976년 논문

〈중력 붕괴에서 실행 가능성의 결렬〉에서 정보 역설을 명백하게 설명하고 탐구했다. 그는 블랙홀의 붕괴에서 기인한 강렬한 중력장은 양자 물리학 법칙이 적용할 수 없는 특이성을 구성한다는 생각을 지지했다. 이런 생각은 과학이 더 이상 과거를 충분히 알 수 없고, 미래를 예견할 수 없다는 것을 의미하므로 다른 물리학자들은 이러한 모순적인 정보 역설을 비판했다.

1970년대 중반 호킹의 연구는 영국과 해외에서 인정을 받았다. 그는 1974년에는 캘리포니아 기술연구소에서 우주론을 연구하며 지냈다. 그가 영국으로 돌아오자 케임브리지 대학은 호킹에게 캠퍼스 근처에 휠체어로 다닐 수 있는 집을 제공했고, 중력물리학 강사로 임명했다. 1975년 왕립천문학협회는 그에게 에딩턴 메달을 수여했고, 교황청 과학원은 교황 비오 12세 메달을 증정했다.

이듬해 호킹은 홉킨스 상, 하이네만 상, 맥스웰 상, 왕립학회의 휴스 메달을 받았다. 1977년 케임브리지 대학을 호킹을 중력물리학 교수로 진급시켰고, 곤빌과 카이오 단과대학은 그에게 특별연구원 지위를 수여했고, 옥스퍼드 대학은 명예 특별연구원으로 임명했다. 그는 1978년 노벨상만큼 가치 있는 알버트 아인슈타인 상을 받았다.

물리학의 끝을 말하다

호킹은 계속해서 물리학계에 쟁점이 되는 논쟁을 일으켰고, 토론을 자극했다. 1980년 케임브리지 대학은 이전에 아이작 뉴턴과 저명한 수학자들에게 주어졌던 교수직인 수학에 관한 17번째 루카시안 석좌교수로 임명되었다. 루카시안 석좌교수 취임 강연에서 호킹은 '이론적인 물리학에 관한 조망에서 끝이 있는가?'라는 말을 했다. 이 연설에서 그는 20세기 말에 물리학자들이 더 이상 중요한 발견을 할 수 없을 정도로 현대 물리학의 양대 기둥인 양자이론과 일반상대성이론을 포함하는 거대한 통합이론이 발견될 것이라고 예견했다. 그는 더 나아가 컴퓨터가 더 정교하게 발달하고 인공지능이 현실화될 거라고 예상했다.

호킹의 예견은 과학 동료들 사이에 열띤 논쟁을 불러 일으켰다. 호킹 복사의 발견을 이끈 그의 연구가 양자역학과 상대성을 조합하는 모형을 제공했지만, 과학자들은 거대한 통합이론을 만드는 진보를 이루어 내지는 못했다.

1981년 호킹이 이탈리아 로마 교황청 과학원에서 조직된 바티칸 회의에서 '무경계'제안을 발표하고, 그 제안의 종교적인 의미를 토론했을 때 또 다른 논쟁이 일어났다. 그와 미국인 물리학자 제임스 하틀은 시간과 공간의 크기는 유한하지만 끝이 없거나 과학 법칙이 유지되지 않는 특이점이 없다는 생각을 제안했다. 특히 그들의 제안은 가능한 여러 우주들의 범위에서 우리가 살고 있는 우주가 스스로 높은 생성 가능성을 갖고 있기에 창조자의 존재를 믿을 필요가 없다는 것을 암시하는 주장이었다. 결국 그들의 제안은 종교계와 과학계에 강한 파문을 일으켰다.

우주와 대중과의 만남

1980년대 중반에서 현재까지 호킹은 전문가가 아니더라도 쉽게 접근할 수 있는 수학·과학 교양 도서를 집필하는데 많은 시간을 쏟았다. 1983년에서 1988년에 걸쳐서 일반 독자들이 이해할 수 있게 빅뱅이론, 블랙홀, 호킹 복사 같은 현대 우주론의 개념을 설명하는 프로젝트를 작업했다. 5년간 작업한 결과로 1988년에 책《시간의 역사: 빅뱅부터 블랙홀까지》가 있다. 그 책은 천만 권이 팔렸고, 40개 언어로 번역되었으며, 4년 동안 뉴욕 타임스와 런던의 선데이타임스의 베스트셀러 목록에 남게 되었다. 그리고 1991년 영화로 제작되었다.

1992년《스티븐 호킹의 시간의 역사: 독자 지침서》란 제목의 책을 출판했고, 1994년 CD-ROM판〈시간의 간결한 역사: 서로 작용하는 모험〉을 발매했다. 1995년〈시간의 역사〉보급판은 3일만에 베스트셀러가 되었다. 2005년 기존의 저서를《시간의 더 간결한 역사》라는 새롭고 더 간단한 책으로 출판했다.

〈시간의 역사〉가 예상치 못한 인기를 끌어 호킹은 많은 신문과 잡지에 실리고, 라디오와 텔레비전 출연 요청, 대중적인 발표와 강연 초대, 부가적인 책 프로젝트 제안을 받았다. 1993년에는 일반 독자 지지자들에게 최근 이론을 소개하기 위해〈블랙홀과 아기 우주〉라는 우주론에 대한 14개 에세이 모음을 편집했다. 그의 2001년 책〈호두 껍질 속의 우주〉는 과학적 아이디어가 단순하게 설명되어 있고, 모든 쪽마다 색깔 있는 도해로 삽화가 들어갔다. 이 책은 영국의 논픽션 책에게 주는 가장 명성 있는 상의 하나인 2002년 아벤티스 도서상을 받았다.

2002년에는 책《거인들의 어깨 위에 서서: 물리학과 천문학의 위대한 연구》를 출간했다. 이 책은 위대한 과학자 니콜라스 코페르니쿠스, 요하네스 케플러, 갈릴레오 갈릴레이, 아이작 뉴턴, 알버트 아인슈타인이 쓴 저서의 상당 부분에 그들의 생애에 대한 요약과 물리학과 천문학 분야에 미친 그들의 업적이 갖는 의미와 중요성에 대한 호킹의 설명을 곁들인 것이다. 2005년에는 발표한《신은 정수를 창조했다: 역사를 변화시킨 수학적 새 발견》은 수학적인 사고에 관한 31개 경계표와 각각 연구의 중요성에 대한 호킹의 논평 그리고 이런 중대한 발견을 했던 17명 수학자들의 전기 요약을 소개한 것이었다.

과학자들을 위한 과학

우주론과 수학에서 일반 대중이 흥미롭게 읽을 시각적인 작품을 만들면서 호킹은 물리학 분야의 새로운 이론을 연구하며 학문적 논의를 계속했다. 1979년 그와 독일에서 태어난 캐나다인 물리학자 베르너 이스라엘은 아인슈타인 탄생 100주년 기념일을 기리기 위하여 훌륭한 물리학자들이 쓴 16개의 논문 모음집 〈일반 상대성: 아인슈타인 백년간의 통람〉을 편집했다. 〈원자핵 물리학〉 잡지에 발표된 그의 1983년 논문 〈인플레이션 우주의 흥망〉과《물리학 레터스》에서 출간된 1984년 논문 〈우주의 인플레이션 모형에 관한 한계〉는 우주 팽창의 원인, 범위, 함축에 대한 과학자들 사이의 논의에 기여했다.

1985년 8월 스위스 제네바의 유럽 합동원자핵연구기관(CERN)에서 연구하는 동안 호킹은 폐렴에 걸렸다. 의사들은 그의 생명을 살렸지만 기관지 절개 수술을 하게 되었고, 이제는 말을 할 수 없게 되었다. 그래서 미국 컴퓨터 연구자들은 그에게 컴퓨터를 이용한 음성 합성 장치를 제공했다. 이 초기 고안물과 계속적인 후속 기계의 성능과 품질 향상은 그가 강의를 하고 가족들이나 다른 연구자들과 의사소통을 계속할 수 있도록 도와주었다.

불리한 신체 조건을 가진 과학자로서 호킹의 성공적인 생애는 장애인들의 열띤 지지를 얻게 되었다. 1979년에는 장애와 재활을 위한 왕립협회에서 '올해의 인물'로 지명되었다. 1980년 후반에 그는 케임브리지 대학이 장애인 학생을 위한 기숙사를 건설하도록 만들었고, 브리스틀 대학이 호킹 하우스라고 이름 지은 장애인 학생용 기숙사를 만들도록 설득했다. 1996년 그는 〈장애를 가진 사람들을 위한 컴퓨터 자원〉의 머리말을 썼다.

수술 후에 호킹은 동료들과 물리학에서 현재 발달에 관한 생각을 계속해서 공유했다. 1988년 논문 〈시공간에서 웜 홀〉이 〈물리학 리뷰〉에서 출판되었다. 그의 〈피지카 스크립타 *Physica Scripta*〉에서 발표된 1991년 논문 '웜 홀의 알파 매개변수'와 그 주제에 관해 쓴 다른 논문에서 단 한 개의 우주와 평행 우주 사이에 시간 여행의 수학적 가능성을 논의했다. 그는 물질의 끈이 모든 물질의 기본을 형성한다는 끈이론에 관하여 동료들과 논의에 관여했다. 끈이론에 관한 논문은 〈물리학 레터스〉에서 발표된 1989년 기사 〈우주끈으로부터 블랙홀〉과 1995년 〈물리학 리뷰

끈이론 만물의 최소 단위가 점 입자가 아니라 '진동하는 끈'이라는 물리이론이다. 입자의 성질과 자연의 기본적인 힘이 끈의 모양과 진동에 따라 결정된다고 설명한다.

레터스〉에서 출판된 논문 '우주끈에 관한 블랙홀의 쌍생성'을 포함한다. 1994년 케임브리지 뉴턴 연구소에서 호킹과 펜로즈는 30년 전 그들의 공동연구가 시작된 이래로 블랙홀의 발달을 총괄적으로 검토하는 내용을 담아 '공간과 시간의 성질'이란 주제로 공개강의를 했다.

과거 20년에 걸쳐 호킹의 업적은 널리 그의 이름을 알리고 명성을 얻게 했다. 1988년 그와 펜로즈는 합동으로 블랙홀에 관한 그들의 연구로 물리학에서 울프재단 상을 받았다. 그는 1982년 여왕 엘리자베스 2세로부터 대영제국 훈장을 받은 것에 이어 1989년 명예 훈장을 수여받았다.

미국 국립과학아카데미는 호킹을 1992년 천문학 분야의 회원으로 임명했다. 런던 수학협회는 호킹에게 1999년 네일러 상을 수여하고, 응용수학에서 강사의 직위를 부여했다. 2002년 1월 200명의 국제적인 물리학자 집단이 케임브리지 대학에서 모였다. 그들은 '이론물리학과 우주론의 미래, 스티븐 호킹의 60번째 생일 기념 & 과학적 공동연구회'에 참석하기 위하여 모인 것으로 호킹의 60번째 생일을 축하하고, 그의 40년 연구 생애 동안 물리학 분야에 공헌한 호킹의 아이디어를 논의하는 자리였다.

거의 200권의 책과 논문을 쓰고 30명의 대학원생의 박사학위논문을 지도한 호킹은 계속해서 우주론의 미개척 영역을 연구하고 있다. 2004년 7월 아일랜드 더블린에서 개최된 일반 상대성과 중력에 관한 국제회의에서 자신의 초기 의견을 뒤집고, 정보가 블랙홀의 형성과 소멸에서 사라지지 않는다고 입증하면서 정보 역설을 해결했다고 알렸다. 그는 30년에 걸친 연구를 통해 블랙홀의 사건 지평선이 블랙홀의 달아나는 모든 정보를 점차 허용하는 양자파동을 포함한다는 결론에 이르렀다. 그리고 이 주장에 관한 형식적인 수학 증명을 만드는 연구를 계속해서 하고 있다.

생각의 무한한 힘

스티븐 호킹은 수학적 증명을 이용하여 블랙홀이 복사에너지를 방사하고 호킹 복사가 최후의 붕괴를 야기할 수 있다는 논의들을 제시했고, 이것은 20세기 우주론에 중요한 공헌을 했다. 호킹은 빅뱅이론의 타당성을 입증할 수 있게 한 위상적 기하적 도구의 발달에 기여했다. 케임브리지 대학의 수학 루카시안 석좌교수로서 그는 무경계 제안, 정보 역설, 웅장한 통합이론을 제시하며 물리학에서 여러 발달 개념의 기초를 이루는 수학적 원리를 동료들과 함께 조사했다.

그의 유명한 대중 과학책들은 일반인들이 우주론에 대한 진보된 과학 아이디어를 쉽게 이해할 수 있도록 도와주었다.

중국이 낳은 수학 영웅

싱퉁 야우

Shing Tung Yau
(1949~)

싱퉁 야우는 미분기하에서 많은 미해결 문제를 풀었고,
칼라비-야우 다양체로 알려진 수학적 표면 집합을 소개했다.

미분기하 분야에서 이루어낸 탁월한 업적

우리가 학교에서 2·3차원 공간에 나타나는 평면도형과 입체도형을 관찰하는 동안 현대 수학자들은 더 높은 차원에서 존재하는 신비한 도형들을 연구하고 있다. 이런 수학자 중 아시아를 대표하는 수학자 싱-퉁 야우가 있다. 그는 현재 하버드 대학 교수이며, 수학의 노벨상이라 불리는 필즈상을 받은 사람이다. 야우는 수학의 기하학 분야 중 미적분법을 이용하여 공간의 성질을 연구하는 미분기하에서 새로운 생각과 방법을 개발했고, 그 아이디어들로 많은 미해결 문제를 해결했다. 그는 칼라비 추측을 증명했고, 수학적 물리학에서 중요한 개념인 칼라비-야우 다양체를 도입했다. 또한 양수질량 추측의 증명으로 블랙홀이론에 대한 확고한 수학적 지식을 수립하는 것을 도왔다. 다른 동료와의 공동연구를 통해 미분기하에서 플라토 문제, 프랭클 추측, 히친-코바야시 추측을 해결했다. 그는 최소 표면, 다양체의 고유값, 거울면 대칭에 대한 발견을 했다. 기하에서 그의 연구는 위상수학, 대수적 기하학, 일반 상대성, 천문학, 끈이론을 포함하여 수학과 물리학의 많은 분야에 강한 영향을 주었다.

수학의, 수학을 위한, 수학에 의한

싱퉁 야우는 1949년 4월 4일에 중국 남쪽 광둥성의 샨토우 시에서 태어났다. 그가 어릴 때 가족들은 홍콩으로 이주했고, 그곳에서 그의 아버지는 홍콩 중문대학교 경제학과 철학 교수가 되었다. 하지만 그의 어머니는 아버지의 박봉으로 8명의 아이들을 키우는 것이 어려워 수제품을 팔아야 했다. 더욱이 야우가 14살 때 아버지가 돌아가셨기 때문에 가정 형편은 더욱 어려워졌다. 하지만 야우는 어려운 가정 형편 속에서도 열심히 공부하는 학생이었고, 아버지의 격려로 일찍 수학에 흥미를 가지게 되었다. 그러나 야우가 다닌 지방 고등학교는 시설이 열악한 학교였기 때문에 과학 실험실 장비가 제대로 갖추고 있지 않았다. 이러한 이유로 학교에서는 과학 교과를 지도할 때 실험이 아닌 이론을 위주로 가르쳐 주었다.

1966년 야우는 홍콩의 작은 대학 기관인 청치^{Chung Chi} 단과대학에 수학 전공으로 등록했다. 청치 단과대학은 수학 강좌가 많이 개설되지 않았고 다양한 강의를 들을 수 없었기 때문에 야우는 연합 대학과 홍콩 중문대학에서 수학 수업을 청강했다. 야우는 1969년 학사학위를 받고 뛰어난 실력을 인정받아 미국의 컴퓨터 회사인 IBM 사의 장학금 급비

다양체 기하학적인 유추를 통하여 4차원 이상의 공간을 연구하기 위해 도입된 개념이다. 점·직선·평면·원·삼각형·입체·구(球)와 같은 기하학적 도형의 집합을 한 개의 공간으로 보았을 때의 공간을 말한다.

대수학 개개의 숫자 대신에 숫자를 대표하는 일반적인 문자를 사용하여 수의 관계, 성질, 계산 법칙 따위를 연구하는 학문이다. 현재는 덧셈이나 곱셈 같은 요소 간의 결합이 정의된 집합, 즉 대수계를 연구하는 학문도 포괄한다.

연구원의 지위로 버클리 캘리포니아 대학원에 들어갔다. 그는 중국인 수학자였던 성-쉔 천 교수의 지도 아래 〈양이 아닌 곡률의 완전 연속인 다양체의 기본군에 관하여〉라는 석사 학위논문을 완성했고, 1971년 수학으로 박사학위를 땄다. 1971년 〈수학 연보〉에 발표된 그의 박사학위논문은 기하 평면의 일반적인 유형들인 다양체와 관련된 대수적 구조들을 분석한 것이다.

미해결 문제의 해결사

야우는 연구를 시작하고 처음 16년 동안 4개의 유명한 다른 대학에서 많은 연구 활동을 활발히 이루었다. 그는 뉴저지에 있는 프린스턴 고등학문연구소에서 1971~72년 동안 박사과정을 마친 장학금 급비 연구원으로 연구를 수행했다. 스토니브룩의 뉴욕주립 대학에서 조교수로 2년 동안 임명된 후에 캘리포니아의 스탠포드 대학에서 5년을 보냈고, 조교수에서 교수로 빠르게 승진했다. 1979년 그는 다시 프린스턴 고등학문연구소(IAS)로 돌아왔고, 5년 동안 수학 교수로 지냈다. 1984년에서 1987년까지 야우는 학장 연합 의장으로 지내며 샌디에이고 캘리포니아 대학(UCSD)의 수학 교수를 지냈다. 이 기간 동안 야우는 훌륭한 연구자에게 주어지는 두 개의 연구 상을 받았다. 하나는 1975~76 학년 알프레드 피 슬로언 장학금이었고, 또 다른 하나는 1980년 존 사

이먼 구겐하임 펠로우쉽이었다. 스탠포드 대학에서 있던 1976년에 그는 버클리 시절에 만났던 유 윤 큐오$^{Yu Yun Kuo}$와 결혼했고, 이들은 두 명의 아이를 낳았다.

1978년과 1982년 사이 야우는 미분기하에서 세 개의 열린 문제를 푸는 것으로 연구 수학자로서 평판을 다졌다. 미분기하는 높은 차원의 공간에서 기하적인 대상물을 묘사하고 분석하기 위하여 미분과 적분을 사용하는 수학 분야이다. 〈순수·응용수학 커뮤니케이션〉에서 출간된 1978년 논문 〈콤팩트 켈러 다양체의 리치 곡률과 복소 몽주-앙페르 방정식에 관하여〉에서 그는 칼라비 추측을 해결했다. 칼라비 추측이란 1950년 이탈리아 수학자 에우제니오 칼라비에 의하여 처음으로 제안된 질문으로 5차원 이상 차원에서 어떻게 부피와 거리가 특별한 표면 유형으로 측정될 수 있는가에 관련된 문제이다. 야우는 칼라비가 제안했던 조건 아래 콤팩트 켈러 다양체로 알려진 표면이 리치-평면 거리로 알려진 특별한 거리 함수 유형을 가졌다는 것을 증명했다. 이 사실을 증명하기 위하여 야우는 복소 몽주-앙페르 방정식으로 알려진 비선형 방정식이 이런 표면에 관한 해를 갖는 것을 보였다. 미분기하 분야의 동료들은 그의 성과를 강력하고 중요한 결과라고 칭찬했다. 칼라비-야우 다양체라고 불리는 표면의 집합은 널리 물질의 끈은 모든 재료의 기본적인 구조 덩어리를 형성한다는 개념인 끈이론과 연결하여 수학적 물리학에서 연구된다.

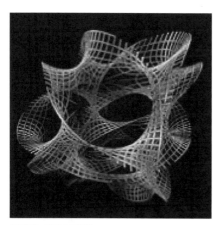

칼라비-야우 다양체

칼라비 추측을 해결한 후에 야우는 제자였던 리차드 쉔 Richard Schoen 과 함께 양수 질량 추측을 증명하는 공동연구를 했다. 리만기하학과 알버트 아인슈타인의 일반 상대성이론을 토대로 한 이 제안은 모든 우주 안에 에너지의 합은 양수라고 주장한다. 〈수학적 물리학 커뮤니케이션〉에서 1979년에 출간된 공동 논문 〈일반 상대성에서 양수 질량 추측의 증명에 관하여〉에서 그들은 제로 평균곡률을 가지는 초곡면에 관한 추측의 특별한 경우로 기본적인 수치 조건을 만족하는 탄젠트 선을 갖는 표면의 제한된 집합을 증명했다. 같은 잡지에서 1981년 발표된 논문 '양수 질량 이론Ⅱ의 증명'은 더 일반적인 표면들을 이전에 해결할 수 있었던 특별한 경우로 변형시켜 추측의 일반적인 경우를 증명했다. 그들의 증명은 야우가 시공간에서 최소표면의 행동과 특별한 조건집합을 만족하는 최소영역을 가진 표면을 분석하기 위하여 개발했던 새로운 기술을 이용한 것이었다. 이런 기술은 기하, 수학적 물리학, 위상 분야에서 비선형 타원 편미분방정식으로 알려진 복잡한 방정식을 가지고 연구하는 새로운 방법을 이끌었다. 야우와 숀은 〈수학적 물리학 커뮤니케이션〉에서 출간된 그들의 1983년 논문 〈물질의 압축에 기인한 블랙홀의 존재〉에 블랙홀이론에 그들의 결과를 적용했다. 그들은 이 논문에서 물질의 충분한 양이 작은 지역 안에 응축할 때, 그 결과로 생긴 중력 효과는 물질의 수집을 무너지게 하고, 블랙홀을 형성시킬 만큼 충분히 강하다는 것을 증명했다.

1980년대 초 야우와 미국인 수학자 윌리엄 A. 믹스는 최소표면과 플라토 문제를 포함하는 미해결 문제를 해결하기 위하여 공동으로 연구했다. 플라토 문제는 철사 뼈대로 비누 막에 대한 실험을 했던 19세기 벨기에 물리학자 조셉 플라토의 이름을 딴 것으로 주어진 경계에 맞는 최소영역을 가진 표면의 구성에 관하여 묻는다. 많은 수학자들이 그 문제를 연구한 후에 1930년대 1940년대 미국인 제시 더글러스, 찰스 모레이와 헝가리인 티보 라도[Tibor Radó]에 의하여 이루어진 연구로 해답이 존재할 때의 경우는 해결되었다. 야우와 믹스는 1982년 잡지 〈위상〉에서 발표된 그들의 논문 〈고전적인 플라토 문제와 삼차원 다양체의 위상-더글라스-모리[Morrey]에 의해 주어진 해답의 삽입과 덴의 보조정리에 관한 해석적 증명〉에서 남아 있던 해가 없는 경우에 관련된 질문을

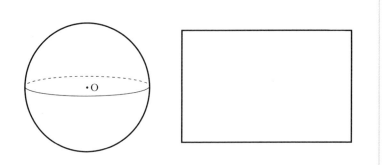

구와 직사각형은 최소표면의 예이다. 주어진 구처럼 같은 부피를 둘러싸는 어떤 다른 표면들도 더 큰 표면 영역을 가져야만 한다. 한 직사각형 철사 틀을 비눗물 용액에 넣었을 때, 비누는 철사 틀을 경계로 갖는 최소 영역의 표면인 얇은 막을 형성할 것이다.

완성했다. 이 논문에서 그들은 더글라스가 표면의 한 지역에 모여진 부분에 관해 단지 증명할 수 있었던 결과를 확장하여 더글라스의 해에 의해 만들어진 전체 표면이 평범한 3차원 공간 안에 매끄러운 표면이라는 것을 증명했다. 그 주제에 관한 이후 논문에서 야우와 믹스는 고리와 구처럼 알려진 높은 차원에서 다른 곡선과 표면에 대한 분석으로 연구를 확장했다.

야우의 편미분방정식, 미분 가능한 다양체의 위상, 최소표면의 특성에 관한 연구로 그는 수많은 전문가들로부터 인정을 받게 되었다. 1981년 미국 수학협회(AMS)는 그에게 기하에서 아즈월드 베블런 상을 수여했고, 미국 과학한림원(NAS)은 과학의 증진에 관한 존 J. 칼티 상을 수여했다. 그리고 국제수학연합은 1982년 그에게 수학계에서 최고의 상인 필즈 메달을 수여했다. 노벨상에 버금간다는 필즈 상은 과거 성과와 미래 전망을 인정하여 40세 이하 수학자에게 수여된다. 1983년 미국 예술과학아카데미(AAAS)는 그를 동료로 선출했고, 1984년에는 〈사이언스 다이제스트〉는 40세 이하 100명의 총명한 과학자 중 한 명으로 지명했다. 또한 1985년에는 존 D. 와 캐서린 T. 맥아더 펠로우쉽을 받았다. 그 상은 지명된 후 5년 동안 매년 60,000달러의 연구장학금을 제공해 주었다. 1986년 미국 수학협회는 90번째 여름 모임에서 그가 세미나 강연을 하도록 초대했다.

다양체 탐험

그의 이름을 사람들에게 인식시키고 유명한 상을 받게 했던 여러 연구에 더하여 야우는 미분기하의 다른 영역에서 중요한 발견을 했다. 홍콩 출신 수학자 쉬우-유엔 쳉과 함께 고차원 공간에서 복소다양체의 휜 정도를 나타내는 곡률에 대하여 조사했다. 1976년 〈순수·응용수학 커뮤니케이션〉에서 발표된 논문 〈n-차원 민코프스키 문제의 해답의 정규성에 관하여〉는 19세기 러시아의 수학자 헤르만 민코프스키가 처음으로 제기했던, n차원 구의 표면에 대해 정의 내린 함수가 한 가지 이상의 방식으로 구의 내부 안의 모든 점으로 확장될 수 있는지에 대한 문제풀이였다. 이 문제의 2차원을 풀었던 캐나다인 수학자 루이스 니런버그는 야우와 쳉의 방법이 보여 주는 기술적인 힘과 연구 결과의 유용한 가치를 높게 평가했다.

하버드 대학 수학자 염-통 시우와 함께한 공동연구에서 야우는 다양체의 곡률에 관한 질문에 대하여 1976년과 1982년 동안 6개의 논문을 공동 집필했다. 잡지 〈수학적 발견*Inventiones Mathematics*〉에서 1980년에 발표된 논문 '양의 이등분한 곡률의 콤팩트 켈러 다양체'에서 그들은 프랭켈 추측을 증명하기 위하여 최소표면이론으로부터 나온 결과를 이용하며, 특별한 곡률 특징을 갖는 유일한 콤팩트 켈러 다양체가 잘 알려진 복소 사영 공간이라는 것을 주장했다. 일정한 특징을 만족하는 편미분을 가진 조화함수를 사용하여 그들은 성공적으로 추측이 참이라는 것을 증명했다. 야우와 시우는 그 이후로도 공동 논문에서 다른 곡률 특징을 가지고 다양체를 연구했다.

야우와 버클리 대학 교수 천의 제자였던 수학자 피터 리는 고유값으로 알려진 표면의 수치적 특징에 관한 공동연구를 수행했다. 하와이에서 미국 수학협회가 후원하는 순수수학에 관한 1979년 토론회에서 그들은 논문 '콤팩트 리만 다양체의 고유값에 관한 어림'을 발표하며 표면의 곡률에 대한 작은 양의 기하적 정보로 다양체의 고유값에 대한 정확한 계산을 유도했다. 〈미국 수학 저널〉에서 1981년 출간 된 논문 '완전 리만 다양체의 열 커널의 상위 추정에 관하여'에서 야우와 리와 쳉은 표면의 곡률에 관련된 또 다른 수치적 특성인 열 커널을 연구했다.

고유값 일반적으로 물리학적인 현상을 수학적으로 표현하면 많은 경우 다음과 같은 고유값 문제로 표현할 수 있다. A[X] =λ{X} 여기에서 λ는 고유값(eigenvalue), {X}는 고유벡터(eigenvector)를 의미한다. 고유값 문제는 수학적으로 행렬 [A]로 벡터 {X}를 회전하거나 비례 축소시켰을 때, 원래 벡터 {X}의 방향을 가리키는 λ와 벡터 {X}를 찾는 문제로 설명된다.

미국인 수학자 카렌 울렌벅과 함께 야우는 4차원 다양체를 분석하기 위하여 소립자 물리학의 아이디어를 이용했다. 〈순수·응용수학 커뮤니케이션〉에서 출간된 1986년 논문 〈안정된 다발^{bundles}에서 에르미트 양 밀스 연결의 존재성에 관하여〉에서 그

들은 일정한 위상적 조건을 만족하는 고차원 다양체와 표면에 관한 행렬을 제공하는 함수들 사이의 연결을 입증했다. 1950년대 중국 물리학자 첸 닝 양과 미국인 물리학자 로버트 밀스는 소립자의 행동을 설명하는 양-밀스 방정식을 소개했다. 울렌벅과 야우의 공동 논문은 콤팩트 켈러 다양체에 관하여 다양체에 정의된 함수들의 모임인 안정된 벡터 다발과 양-밀스 방정식을 만족하는 거리 함수 사이에 일대일대응이 있다는 것을 보이는 것으로 히친-코바야시 추측을 증명했다.

기하 세계의 고수

1987년 야우는 매사추세츠 주 케임브리지에 하버드 대학의 지위를 받아들이기 위하여 샌디에이고 캘리포니아 대학(UCSD)을 떠났다. 1997년부터 2000년까지 수학의 히긴스 교수로 하버드에서 석좌교수를 지낸 후에 2000년에 윌리엄 캐스퍼 그라우스타인 수학 교수 지위를 맡았다. 1996년에는 존 하버드 특별 연구원으로서 영국의 케임브리지 대학 '수학적 과학에 관한 뉴턴 연구소'에서 1년을 보냈다. 1999년에는 콜롬비아 대학에서 아일렌베르크 초빙교수였고, 2000년에 고든 무어

초빙교수로 캘리포니아 기술협회를 방문했다.

미국에서 교수와 연구원으로 지내며, 동시에 야우는 중국의 수학 교육과 연구 수준을 향상시키기 위하여 일했다. 그는 1991~92년 홍콩 중문대학교(CUHK)에서 초빙교수로 지냈고, 대만에서 청화대학 수학과 학과장으로 보냈다. 중국 수학공동체 지도자들과 공동연구를 하며, 1993년 홍콩 중문대학교에서 수학적 과학연구소(IMS) 설립을 도왔고, 1994년 이래로 연구소 책임자로 일했다. 그는 자신을 가르쳐 준 학부 교수 두 명을 존경하는 의미에서 홍콩 중문대학교에 H. L. 초우 수학 장학금과 S.살라프 수학 장학금을 설립했다. 또한 박사논문 지도교수를 기념하기 위하여 수학적 과학 연구소에 셩-센 천 교육 기금을 만들었고, 부모님을 기리기 위해 두 개의 교육 기금을 기부했다. 2003년 이래로 그는 홍콩 중문대학교에서 석좌교수 지위를 유지하고 있다.

1991년 수학의 현재 상태와 전망에 관한 토론회에서 필즈 상을 받은 야우와 다

른 6명의 수상자들은 수학의 현재와 미래에 대해 평가해 달라는 요청을 받았다. 그는 연설 '기하학과 비선형 미분방정식의 현재 상태와 전망'에서 미분기하학과 비선형 미분방정식 분야가 활동적인 중요한 연구 영역이라고 말했다. 특히 그 분야들이 컴퓨터 그래픽, 소립자 물리학, 로봇 공학, 화학, 정보이론, 기상 예보, 생물학 모델링에서 기본적인 도구로 사용이 증가하고 있다고 언급했다.

1992년 야우는 수십 명의 수학자에 의해 쓰여 진 논문 모음집 〈천: 20세기의 위대한 기하학자〉를 편집해, 천의 79번째 생일을 축하하는 행사에서 헌정했다. 그 책의 마지막 항목은 13년 전부터 야우가 선별하고 발표했던 미분기하의 120개 문제에 대한 논문 〈기하에서 미해결 문제〉의 개정판이었다. 2000년에 〈라마누잔 수학학회 저널〉에서 '기하에서 미해결 문제'란 제목으로 또 한 번 수정판을 발표했다. 이 목록들은 25년 이상 기하 분야 연구자들에게 방향과 영감을 제공했다.

야우는 자신의 독창성을 계속 발휘하여 최소표면에 관한 연구와 관련되며 대수적 기하학과 수학적 물리학 분야에 속하는 거울면 대칭에 관한 최근 연구 대부분을 편집하고 알렸다. 1992년과 2002년에 걸쳐서 이 분야에서 4개의 연구논문 모음집을 〈거울면 대칭 Ⅰ, Ⅱ, Ⅲ, Ⅳ〉이란 제목으로 연구자들과 공동 편집했다. 또한 1997년과 2000년에 걸쳐서 〈아시아 수학저널〉에서 발표된 일련의 4개 논문 〈거울면 원리 Ⅰ, Ⅱ, Ⅲ, Ⅳ〉를 브랜다이스 대학의 수학자 봉 리앙[Bong Lian]과 스탠포드 대학의 케펭 리우[Kefeng Liu]와 함께 공동 집필하면서 이 연구 분야에 큰 공헌을 했다. 그들은 공동연구에서 더 접근하기 쉬운 '거울면 다양체'의 대응 특성을 분석하면서 3차원 칼라비-야우 다양체의 특성을 분석했다.

야우는 수많은 연구 성과로 지난 15년에 걸쳐 많은 상과 상금을 받았다. 독일의 알렉산더 폰 훔볼트 재단은 그에게 1991년 훔볼트 연구상을 수여했다. 1993년 미국 과학학회(NAS)는 그를 회원으로 임명했고, 미국 과학발전아카데미(AAAS)는 특별회원으로 선출했다. 스웨덴 왕립과학아카데미는 미분기하에서 여러 미해결 문제를 해결하게 만든 그의 비선형 기술을 언급하면서 1994년 크라푸드 상을 수여했다.

1997년 미국 대통령 빌 클린턴은 야우에게 수학 또는 과학 분야에 개인적인 연구의 총체적인 영향에 기초한 상인 미국 국립과학재단의 국가과학상을 증정했다. 2003년에는 국제과학기술협동상을 받았으며 2010년에는 울프상 수학 부분을 수상했다. 또한 중국 과학아카데미, 러시아 과학아카데미, 이탈리아 국립린체이아카데미는 외국인 회원으로 선출했고 9개 대학에서 명예학위를 수여했으며 중국의 8개 대학이 명예교수로 임명했다.

야우는 35년의 경력기간 동안 300편 이상의 논문을 썼고, 논문 모음집을 편집했다. 그리고 하버드, 프린스턴, 스탠포드, 브랜다이스 대학교와 캘리포니아 대학교, 샌디에이고 캠퍼스, 홍콩 중문대학교, 매사추세스 공과대학에서 30명 이상의 대학원생들의 박사학위논문을 지도했다. 〈미분기하 저널〉과 〈아시아 수학 저널〉에서 최고 편집자로 일하면서 〈수학적 물리학에서 커뮤니케이션〉, 〈수학적 물리학 레터스〉, 〈정보와 체계에서 커뮤니케이션〉 잡지의 해당 분야의 연구 방향을 안내하는 것을 도왔다.

미분기하에 대한 기여

싱퉁 야우는 미분기하 분야에 상당한 공헌을 했다. 그가 개발한 기술은 기하적 문제의 분석에서 한 도구로 편미분방정식이 이용되었던 방식을 변화시켰다. 그의 칼라비 추측에 관한 증명은 수학적 물리학에서 중요한 연구 주제로 칼라비-야우 다양체를 입증했다. 또한 양수 질량 추측에 관한 증명으로 블랙홀이론의 수학적 기초를 굳히는 것을 도왔다. 그의 플라토 문제, 프랭클 추측, 히친-코바야시 추측에 관한 해결은 오랫동안 지속된 미해결 문제의 해답을 제공했다.

기하에서 야우의 연구는 위상, 대수적 기하학, 최소표면이론, 일반 상대성이론, 천문학, 끈이론을 포함하여 다양한 수학과 물리학 분야 연구에 강한 영향을 주었다.

정보통신 분야를 이끈 지성

판 충

(1949~)

사람들이 수학을 이해할 수 없는 이론으로 가득 찼다고 여기며
낙담하는 것을 많이 봤다. 그렇게 느낄 이유가 없다.
수학에서 무엇을 배우든지 당신의 것이 되고,
당신은 한 번에 한 단계씩 쌓아 가는 것이다.
수학은 이기고 지는 현실 게임이 아니다.
당신이 수학의 힘과 엄밀함과 아름다움으로
이로움을 얻는다면 이긴 것이다.
당신이 새로운 원리를 발견하거나
어려운 문제를 해결했다면 승리한 게임이다.

－판 충

인터넷 수학 교수

수학이 생활 속에서 전혀 이용되지 않는다는 말을 들으면 너무나 안타깝게 여길 수학자들이 많이 있다. 왜냐하면 현대 수학은 생활 속에서 쉽게 접하는 컴퓨터, 핸드폰을 포함한 모든 정보통신 분야와 연관되며, 직접적으로 기술 개발에 영향을 주고 있기 때문이다. 이런 산업과 수학을 연결시키는 수학자들 중에는 판 충이라는 인터넷 수학 교수가 있다. 그녀는 산업과 학문적인 환경에서 수학자로 그래프와 전자통신망의 수학적인 분석에 공헌했다. 판 충은 이산수학 분야를 연구하며, 램지 이론에 관한 여러 발견으로 그래프 변을 색칠하는 것에 대한 새로운 정보를 소개했고 휴대전화의 통화가 안전하고 능률적으로 전해질 수 있게 하는 부호화^{encoding}, 복호화^{decoding} 기술에 대한 특허권을 획득했다. 또한 스타이너 트리의 효율과 그래프와 통신망을 조작하는 알고리즘의 효율을 분석했다.

스펙트럼이론과 임의의 그래프에 대한 그녀의 연구는 인터넷 컴퓨터 사용에 있어 나타나는 수학적 특성을 깊이 이해하도록 이끌어 주었다.

이산수학과의 만남

판롱 킹은 1949년 10월 9일 대만의 카오슝에서 기계 공학자인 유안 상 킹과 고등학교 가정과 교사인 유우 치 킹에게서 태어났다. 그녀의 아버지는 킹과 남동생이 수학의 실제적인 적용을 필요로 하는 직업을 추구하도록 격려했다. 어머니가 교사로서 학생과 직업에 대해 헌신하는 것을 보고 자라면서 그녀 또한 교사를 희망했다. 지방의 초등학교와 중학교에 다닌 후에 그녀는 카오슝 여자고등학교에 입학했고, 기하학과 물리학에서 탁월함을 드러내며 표준화된 적성 검사에서 최고 점수를 받았다.

킹은 고등학교 성적이 좋았기 때문에 대만 국립대학 고등선택 수학과정에 입학하게 되었다. 그녀는 일 년 동안 일반적인 학습을 한 후에 대학의 집중적인 교육과정에 따라 독립적으로 수학에 초점을 맞추어 공부할 수 있었다. 이 기간 동안 그녀는 이산구조의 수적인 특징을 수학자들이 이해할 수 있게 하는 정교한 계산 기술과 관련된 수학 분야인 조합론에 관심을 갖게 되었다. 동료 학생들과 문제를 해결하고 연구하면서 전문적인 자료에 관한 효과적인 공동연구와 그때 필요한 의사소

이산수학 연속적 현상과 구분되는 이산적 현상을 다루는 수학의 한 분야로서 순서, 그래프, 조합수학 등을 다룬다.

그래프 일반적으로 그래프는 주어진 함수를 나타내는 직선이나 곡선을 일컫는데, 여기에서는 유한 개의 요소로 이루어지는 집합에서 임의의 두 원소 사이의 관계를 연구하는 그래프 이론과 관련하여 유한 개의 점과 점 사이를 연결하는 변으로 이루어진 집합을 의미한다.

통 기술을 발달시켰다.

　1970년에 수학에서 과학학사학위를 받은 후에 그녀는 대학원을 다니기 위해 미국으로 건너갔다.

　필라델피아의 펜실베이니아 대학에서 킹은 대학원생으로 공부하면서 탁월한 성적을 냈고, 1972년 수학으로 석사학위를 받았다. 그리고 이듬해 결혼했고 판 충으로 개명하게 되었다.

　박사학위 전 단계의 자격시험에서 그녀는 수학과 대학원생 중 최고 점수를 얻었다. 허버트 월프$^{\text{Herbert Wilf}}$ 교수는 대상물의 많은 모임이 만족하는 특별한 조건을 입증하기 위하여 어떻게 있어야만 하는가에 관련되는 조합론 분야의 램지 이론 아이디어를 그녀에게 소개했다.

램지 이론: 폴 에르되스가 개척한 수학 분야로 완전한 무질서가 불가능하다는 이론이다. 예를 들어 거대한 우주에서는 얼마든지 수학적 대상을 찾을 수 있고, 다루는 대상의 숫자가 많아지면 구조를 피할 수 없게 된다는 것이다.

1주일 내에 판 충은 주요 정리를 일반화하는 증명을 만들었고, 이 증명은 그녀의 학위논문의 중심 부분이 되었다. 그녀는 조지워싱턴 대학에서 개최된 1973년 최고 회의$^{\text{the Capital Conference}}$에서 발표한 〈$k$개의 색깔을 가진 삼각과 순환 램지 수에 관하여〉라는 제목의 글과, 그해에 〈이산수학〉에서 출간된 논문 〈램지 수 $N(3, 3, \cdots 3;2)$에 관하여〉에서 램지 이론 중요 정리에 관한 그녀의 결과를 설명했다.

　그 문제는 n개의 꼭지점을 가진 완전 그래프와 관련되어 있다. 완전 그래프란 변이라고 불리는 직선에 의해 서로 서로 연결되는 n개의 꼭지점 집합이다. 충의 정리는 다음 문제를 다루었다. '각각의 변이 k개 색깔 중 하나로 정해지면, 같은 색깔을 갖는 세 변으로 연결되는 세 점이 있다는 것을 보이기 위하여 얼마나 많은 꼭지점을 가진 그래프여야 하는가.' 그녀는 완전 그래프에 네 가지 색을 칠한다면, 같은 색으로 칠해진 삼각형이 존재하는지 보이기 위해서 그 그래프가 50개 이상의 꼭지점을 가져야 한다는 것을 밝혔다. 충은 k, $k-2$, $k+1$개의 색을 칠할 때 가장 작은 크기의 완전 그래프를 관련시키는 부가적인 결과를 증명했다. 그녀는 이런 발견과 1974년에 완성된 수학박사학위논문 〈램지 수와 조합 디자인〉에서 이 문제에 관한 더 많은 연구 결과를 통합했다.

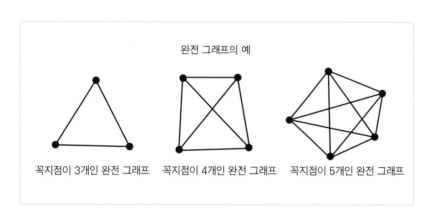

완전 그래프의 예

꼭지점이 3개인 완전 그래프 　 꼭지점이 4개인 완전 그래프 　 꼭지점이 5개인 완전 그래프

뛰어난 산업 수학자

충은 다음 16년을 전자통신 분야에서 수학을 연구하면서 보냈다. 1974년에서 1983년까지 그녀는 뉴저지 머레이힐에 있는 벨 연구소 컴퓨터부의 수학 재단에서 기술직원으로 일했다. 1984년에는 뉴저지 모

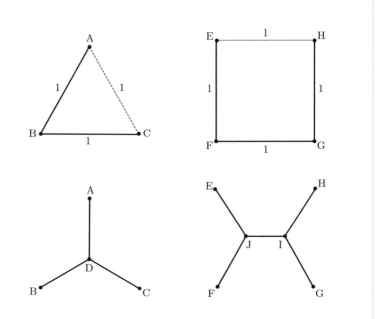

왼쪽 아래 그림처럼 A, B, C 세 점으로 이루어진 정삼각형의 가운데에 스타이너 점 D를 추가하면, 왼쪽 위의 그림처럼 길이가 2인 스패닝 트리보다 더 능률적인 전체 길이가 $\sqrt{3}$ ≈1.7의 스타이너 트리로 네 개의 점들이 연결될 수 있다. 오른쪽의 그림처럼 네 개의 점 E, F, G, H로 이루어진 사각형 배열에 스타이너 점 I와 J를 추가하게 되면, 전체 길이가 3인 스패닝 트리보다 짧은 전체 길이 $1+\sqrt{3}$ ≈2.7의 스타이너 트리가 만들어진다.

리스타운 벨 통신연구소에 이산수학 연구 단체의 책임자로 참가했다. 1986년에서 1990년까지 벨코어에서 수학과 정보과학, 연산 연구에 관한 담당 부장으로 일했다. 이런 지위에서 그녀는 전자통신망, 전자 회로, 컴퓨터 알고리즘에 대한 적용을 강조하면서 램지 이론, 그래프이론, 조합론 분야에서 개인적인 연구와 동료와의 공동연구를 수행했다. 책

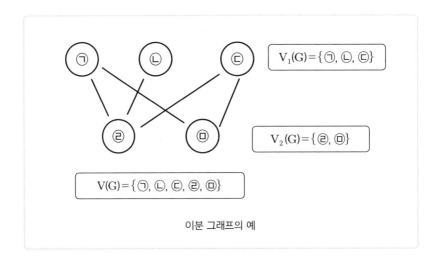

$V_1(G) = \{ ㉠, ㉡, ㉢ \}$

$V_2(G) = \{ ㉣, ㉤ \}$

$V(G) = \{ ㉠, ㉡, ㉢, ㉣, ㉤ \}$

이분 그래프의 예

임자로 다른 수학자들을 보충해 주고, 그들의 연구를 관리했다.

램지 이론 연구를 계속하면서 충과 그녀의 벨 연구실 동료 로날드 그레이험은 〈조합론 저널〉에서 1975년에 출간된 논문 '완전 이분 그래프에 관한 다색 램지 이론에 대하여'를 공동 집필했다. 그들의 공동연구는 이분 그래프에 대한 램지 수의 특별한 성질을 제시했다. 이분 그래프는 모든 변들이 한 집합으로부터 점을 다른 집합 점으로 이웃시키기 위하여 두 집합으로 점들이 분할된 그래프이다. 즉, 각각 집합 내에 있는 점들은 연결되어 있지 않고, 서로 다른 집합에 있는 점들끼리 연결된 상태로 그래프 안의 점들을 두 집합으로 나눌 수 있는 그래프이다. 이 논문은 1983년 결혼한 두 수학자에 의해 함께 쓰여진 60개 이상의 연구논문 중 첫 번째가 되었다.

이분 그래프의 예

그래프이론 분야에서 충은 최소의 스패닝 트리와 최소의 스타이너 트리로부터 만들어지는 통신망의 능률에 대한 새로운 결과를 얻었다. 전화선 체계로 연결된 n명의 전화 고객과 케이블 망 또는 집적 회로 칩으로 함께 배선된 n개의 전자부품과 n개의 연결된 컴퓨터를 나타내는 한 그래프에 대하여 최소의 스패닝 트리는 가장 작은 전체 길이를 갖는 동시에 모든 점들과 연결된 $n-1$개의 집합이다.

1976년에 조합론의 알고리즘 양상에 관한 회의에서 충과 그레이험은 점들이 두 개의 평행선 쌍에 대응되어 놓여지면 어떻게 최소의 스타이너 트리를 구성하는지를 설명하는 공동 논문 〈사닥다리에 관한 스타이너 트리〉를 발표했다. 산업과 응용수학학회(SIAM)의 〈응용수학 저널〉에서 출간된 1978년 논문 〈스타이너 트리에 관한 하계〉에서 그녀와 벨코어 연구 동료 프랭크 황은 그래프의 최소 스타이너 트리는 최소 스패닝 트리의 길이에 비교되어지는 26% 이상의 절약savings을 할 수 없다는 것을 증명했다. 그녀와 그레이험은 〈뉴욕 과학협회의 연보〉에서 발표한 1985년 논문 〈유클리드 스타이너 최소 트리에 관한 새로운 경계〉에서 스타이너 트리가 18% 이상 절약savings을 생성할 수 없다는 것을 증명하여 이 경계를 향상시켰다. 〈수학 잡지〉에서 출간된 1989년

스패닝 트리(수형도) 연결된 그래프에서 순환되는 길이가 없게 이어 주는 선분을 제거하되 모든 점들이 연결된 부분 그래프가 되도록 하는 것으로, 스패닝 트리는 원래 그래프 안에 있는 모든 점을 다 포함하면서 트리가 되는 연결된 부분 그래프이다.

스타이너 트리 최소의 스패닝 트리를 찾는 문제와 비슷하게 모든 점을 연결하는 최소 비용의 방법을 찾되 비용 감소에 도움이 된다면 새로운 점을 추가할 수 있는 트리이다.

기사 '서양 장기판에 관한 스타이너 틀'에서 충과 그레이험과 미국 수학자 마틴 가드너는 $n \times n$ 장기판의 사각형처럼 놓여 있는 그래프의 최소 스타이너 트리를 묘사했다. 이 논문의 가치를 인정한 미국 수학협회(MAA)는 1990년 이들에게 칼 B. 알렌되르퍼^{Allendoerfer} 상을 수여했다.

전자통신망과 알고리즘

충은 전자통신망에서 나타나는 문제의 범위를 조사하고 해결하는 데 그래프이론과 조합론 기술을 이용했다. 〈벨 시스템 기술 잡지〉에서 출간된 1977년 논문 〈전환 통신망에 대한 블럭화 확률에 관하여〉에서 그녀와 황은 매개 스위치 통신망이 특별한 교점의 쌍을 연결하는 열린 경로를 제공하지 않을 가능성을 결정하는 몇 가지 기술을 보여 주었다.

1984년에는 미국 수학협회(AMS)의 정보처리 수학에 관한 협의회에서 그녀는 통신망에서 메시지가 이동할 때 링크 수를 감소시키는 알고리즘을 논의하는 논문 〈통신망의 직경〉을 발표했다. 벨코어 동료인 샌딥 바트와 미국 컴퓨터 과학자 아르니 로젠버그와 함께 충은 매우 큰 규모의 적분으로 알려진 적분 회로의 설계 기술에 대한 논문 모음집 〈VLSI 진보된 연구〉에 논문 〈향상된 시험 용이성에 관한 분할 회로〉를 올렸다. 그들은 논문에서 컴퓨터가 자료를 처리하는 동안 일시적으로 중간 결과를 기억하는 회로인 레지스터 사이에 처리를 균등하게 분산하는 방법을 논의했다.

알고리즘 유한한 단계를 통해 문제를 해결하기 위한 절차나 방법

1987년 그녀와 로젠버그와 미국 응용수학자 프랭크 레이튼은 〈SIAM 대수적 이산 방법에 관한 저널〉에 실린 논문 〈책에서 그래프 삽입 : VLSI 설계에 적용을 가진 레이아웃 문제〉를 공동 집필했다. 그들은 이 논문에서 책의 쪽처럼 배열된 그래프의 변을 허용하는 조건에 대한 공동연구와 그러한 그래프를 칩 설계로 합병하는 것에 대한 관련을 논의했다.

충은 이산수학의 다른 문제 유형을 해결하는 알고리즘을 조사했다. 미국인 수학자 마이클 개리, 컴퓨터 과학자 데이빗 존슨과 함께 그녀는 1982년 〈SIAM 알고리즘과 이산적 방법에 관한 저널〉에 논문 〈2차원 큰 상자를 포장하는 것에 관하여〉을 공동 집필했다. 이 논문은 다채로운 크기의 사각형 대상물을 겹쳐지지 않게 효율적으로 최소 개수의 큰 사각형으로 배열하는 새로운 방법을 제시했다.

1985년에는 컴퓨터장치협회(ACM)의 17번째 컴퓨팅이론에 관한 연간 토론회를 위하여 그녀는 벨코어 동료 단 하젤라와 영국 수학자 폴 시머와 함께 '순차적인 탐구의 자기 조직화와 힐베르트 부등식'이란 주제를 공동연구했다. 그들의 공동연구는 일직선으로 늘어선 목록에서 저장된 정보를 기억하는 것을 포함했다. 일본 교토에서 있었던 1986년 이산 알고리즘과 복잡성 협의회를 위하여 그레이험과 럿거스 대학 수학자 마이클 삭스와 함께 논문 〈그래프에 관한 동적인 탐색〉을 공동 집필했다. 이 논문에서 그들은 요구에 관한 기록에 응답할 때 변화하는 구조를 가진 그래프에서 자료를 찾는 어려움을 논의했다.

충이 벨 연구실과 벨코어에서 수년간 상업적 목적으로 개발한 두 개

의 특허권 중 하나는 우리가 요즘 흔히 사용하는 휴대폰과 관련된 기술이었다. 1988년에는 코드분할 다중접속(CDMA) 기술을 이용하는 통신망을 통하여 음성 메시지가 확실하게 전달될 수 있도록 음성 메시지를 부호화^{encoding}하고, 복호화^{decoding}하는 체계를 개발하여 특허를 승인받았다.

부호화와 복호화 구조는 여러 개 휴대 전화기로 대화가 이루어질 때 대화 내용이 안전하게 전해지도록 다른 통화지역 방식(셀 방식)의 안테나를 가지고 각각의 통화를 일치시키는 것으로 공통의 무선 통신 도수를 안전하게 공유하도록 허락했다. 자료의 안전성에 더하여 그녀의 부호화·복호화 과정은 통화자 목소리가 자연스럽게 들리도록 급속히 이행될 수 있다는 것이 중요한 특징이었다. 1993년에 충은 통신망의 통화량 전달 방식을 개발한 것으로 두 번째 특허를 받았다.

산업과 학문의 다리 역할

15년 동안 전자통신 산업에서 일한 후에 충은 연구를 계속하며 학생들을 가르치는 대학 교수의 삶으로 인생 방향을 바꾸었다. 1989년에는 뉴저지에 있는 프린스턴 대학 초빙교수로 컴퓨터 과학 강좌를 가르쳤다. 1990년부터 1994년까지 매사추세츠 케임브리지 하버드 대학에서 벨코어 장학금 급비 연구원으로 지내면서 1년은 연구를 주로 하고, 2년 동안은 초빙교수로 수학을 가르쳤다. 1994년에는 벨코어를 떠나 프린스턴 고등연구소에서 연구를 수행하면서 1년을 보냈다. 1995년부터

1998년까지 충은 펜실베이니아 대학의 수학과 컴퓨터 과학과 석좌교수로 있었다. 1998년에는 캘리포니아 대학 샌디에이고 캠퍼스(UCSD)로 옮겨 현재까지 수학과 교수, 컴퓨터 과학과 공학 교수, 인터넷 수학에서 아카마이 교수로 지내고 있다. 샌디에이고 캘리포니아 대학에서 그녀는 종종 대학에서 가르치는 이론적 수학과 상업적 적용에서 필요한 수학 사이의 큰 차이를 연결시키는 새로운 교육 과정을 개발했다.

연구자와 교수로서 충은 수학과 과학, 수학과 공학 분야 사이의 연결을 강조했다. 〈미국 수학 회보〉에서 1991년에 출간된 기사 '비학문적인 직업에 대하여 다르게 준비해야만 하는가?'는 교수나 학자가 되지 않고 일반 직장을 다니기 위해 수학을 공부하는 학생들이 다양하고 실용적인 맥락에서 이용되는 폭넓은 수학 지식을 배우도록 권고했다. 잡지 〈미국 과학자〉에서 1993년에 발표된 논문 〈수학과 버키볼〉에서 충과 하버드 대학 수학자 슐로모 스텐버 그는 버키볼로 알려진 기하적 모

양을 가진 탄소-60분자의 수학적 특성을 분석했다. 그들은 기사를 읽은 사람들이 직접 잘라서 축구공 모양의 다면체로 조립할 수 있는 전개도, 즉 12개의 오각형과 연결된 20개의 육각형 도형 그림을 잡지에 넣었다.

1990년대에 동안 충은 그래프이론과 조합론에서 일반적인 주제를 다룬 세 권의 책을 출판했다. 1991년 그레이엄과 수학자 유세프 알라비, D. 프랭크 수와 함께 그녀는 수학의 그래프이론과 조합론 분야의 최근 연구의 경향을 보여주는 책《그래프이론과 조합론과 알고리즘과 적용》을 공동 집필했다. 그리고 케임브리지 대학의 수학자 벨라 볼로바스와 스탠포드 대학의 퍼시 다이어코니스와 함께 1992년 협회 회보〈확률 조합론과 적용〉을 공동 편집했다.

이 작업은 어떤 두 개의 꼭지점 사이의 변이 조작되지 않고, 우연히 확률 분산에 의하여 결정되는 무작위 그래프에 관해 고전적인 결과와 새로운 발견을 보여주는 7개의 논문을 편집하는 것이었다. 1998년 그녀와 그레이엄은 헝가리인 수학자 폴 에르되스가 제시했고, 각각 문제에 대하여 제공된 상금을 지불한다고 약속했던 그래프이론의 모든 미해결 문제를 모아 책《그래프에 대한 에르되스, 미해결 문제에 관한 그의 유산》을 냈다. 충은 에르되스가 국제적인 회의에 참석하거나 멀리 있는 연구 동료들과 공동연구하기 위하여 여행을 다니지 않았을 때에도 자주 그녀의 집을 방문하는 손님이었기에 이미 12개의 논문을 그와 공동 집필했었다.

충은 그래프이론과 통신망에 관하여 계속적인 연구를 보여주는 안정된 논문들을 연달아 출판했다. 그녀는 그레이엄과 벨코어 동료 노가 알론과 함께 1994년 〈SIAM 이산수학 저널〉에 〈그래프에 관한 치환경로 정하기 대정합〉을 공동으로 발표했다. 이 논문은 다중 단계 과정의 각각 단계에서 중복되지 않은 변 집합을 사용하여 그래프 안의 각각 점들로부터 다른 점으로 정보를 보내는 문제를 분석한 것이었다. 1997년에는 그녀와 바트는 미국 전기전자공학협회(IEEE)의 컴퓨터 회보에 논문 〈워크스테이션의 통신망에서 사이클 도용에 대한 최적 전략에 관하여〉를 발표했다. 이 논문에서 그들은 컴퓨터 작동 처리 시간을 서로 빌리는 병렬 구성으로 하게 되면 생산력이 증가한다는 분석을 했다. 충은 바트, 로젠버그, AT&T 연구자 윌리엄 아이로와 라메쉬 시타라만과 함께 2001년에 미국 전기전자공학협회(IEEE) 〈평행과 분산 체계에 관한 회보〉에서 발표된 논문 〈증가된 고리 통신망〉 쓰기 위하여 팀을 이루었다. 이 논문은 연속적으로 서로 연결된 각종 컴퓨터의 수행을 향상시키기 위한 멀티(다중) 방식을 검사했다.

분광 그래프이론과 인터넷 수학

충은 그래프이론의 분야로 그래프의 특성을 기술하는 수치적 측정의 발달과 적용에 관련된 분광 그래프이론에도 관심을 가졌다. 1991년 미국 수학협회−미국 수학연합회(AMS−MAA) 공동 여름 모임에서 미국 수학협회(AMS)는 강연 발표 전체를 녹화하고 배포했는데, 여기서 충은 '그래프와 초월그래프의 라플라시안'이란 제목으로 강연했다. 강연에서 그녀는 그래프의 점들과 초월그래프로 알려진 더 일반적인 구조의 점들 사이의 상호연결성 정도를 나타내는 라플라시안 행렬에서 정보를 어떻게 이용하는가 묘사했다.

1997년 책 《스펙트럼 그래프이론》은 그래프의 라플라시안 고유값으로 알려진 수치적 양을 분석하여 얻게 되는 결과를 강조하면서 이 수학 분야의 통합된 처리법을 제공했다. 1997년 AMS 회의 '유한체 위에 곡선의 적용'에서 그녀가 제출했던 논문 〈격자무늬의 부분그래프에서 스패닝 트리〉에 충은 격자무늬로 알려진 그래프의 부분 집합에 대한 스패닝 트리의 수를 계산하는 데 라플라시안을 이용했다. 프랑스인 수학자 샤를르 들로르메와 패트릭 솔레와 함께 그녀는 〈유럽 조합론 저널〉에서 출간된 〈다중직경과 다중도〉를 썼다. 이 논문에서 그들은 큰 그래프의 구성을 어떤 두 개의 점을 연결하는 가장 짧은 변의 순서 길이로 분석했다.

> **라플라시안** 3차원 공간에서의 좌표에 관한 2계 미분 연산자의 하나이다. 보통 기호 D로 나타내고, 데카르트 좌표를 x, y, z로 나타내면, $D = \frac{d^2}{dx^2} + \frac{d^2}{dy^2} + \frac{d^2}{dz^2}$ 이다.

샌디에이고 캘리포니아 대학(UCSD) 인터넷 수학의 아카마이 교수인 충의 최근 연구는 월드 와이드 웹을 형성하는 국제 컴퓨터 통신망에 대한 수학적 분석에 초점을 맞추고 있다. 대만 타이베이의 1998년 컴퓨터 사용과 조합론 회의 중 그녀와 그레이엄이 발표했던 논문 〈제한된 예지 능력을 가진 동적인 기억 장소 위치 문제〉에서 충은 과거 요청 신호의 진행 상황을 검사하고, 현재 요청 신호 목록의 부분을 미리 볼 때까지 운행에 대한 요청 신호를 이행하지 않는 컴퓨터 통신망의 효율성을 검사했다. 이것은 웹 페이지 방문 관리와 연관된 문제이다. 충과 그

레이엄은 뉴저지 텔코디아 사의 전기 공학자인 마크 가렛, 데이빗 쉘크로스와 함께 공동연구를 했고, 2001년 〈컴퓨터와 시스템 과학 저널〉에서 출간된 논문 〈인터넷 단층촬영에 적용되는 거리 구현화 문제〉를 썼다. 이 논문은 특별한 길이를 갖는 변으로 연결된 점들이 있는 그래프에 대한 연구가 인터넷 자료가 얼마나 오고 가는가 묘사하는 소통량 모형의 분석에서 나오는 문제와 연관된다는 몇 가지 논점을 발표했다. 2003년에 충은 그녀의 샌디에이고 캘리포니아 대학(UCSD) 동료 린유안 루와 반 뷰와 함께 〈조합론 연보〉에 '무작위 거듭제곱 법칙 그래프의 고유값'에 대한 기사를 실었다. 그들은 k개의 변을 갖는 점의 수가 몇 가지 k의 거듭제곱에 비례한다는 무작위로 만들어진 그래프의 수치적 특성을 분석했다. 이런 그래프는 생물학적 네트워크에서와 마찬가지로 이메일 전송 유형 안에서 나타난다.

그레이엄, 루와 함께 그녀는 2004년 잡지 〈인터넷 수학〉에서 발표된 논문 〈내적을 가진 비밀 추측〉을 공동 집필했다. 이 논문은 정보를 찾고 있는 수색자가 가능하면 정보를 드러내려 하지 않는 상대편으로부터 정보를 얻을 수 있는 알고리즘을 분석했다.

충은 학생들을 가르치고 연구하는 일이 외에도 잡지 편집자로 일했고, 많은 전문협회의 수많은 위원회 회원으로 활동했다. 〈응용수학에서 진보, 인터넷 수학〉과 〈조합론 전자 저널〉의 최고 공동 편집자로, 그리고 11개 다른 학회 저널의 편집 위원회 일원으로 많은 연구자의 연구를 검토하고 미래 연구의 방향을 결정하는 것을 돕고 있다. 1990년부터 1993년에 걸쳐서 충은 미국 국립과학재단의 이산수학과 이론 컴퓨터 과학에 관한 센터(DIMACS)의 실행 위원회에서 일했다. 1990년대 초에는 이산 알고리즘 심포지엄과 컴퓨터이론에 관한 심포지엄 조직위원회에서 활동했다. 1990년에 충은 교수 사회에서 AMS 수학적 과학협회위원회, MAA의 퍼트남 질문위원회, SIAM 이산수학 활동집단의 의장직을 맡는 것을 포함하여 다양한 지도자 지위를 얻었다. 그리고 계속해서 '수학과 그것의 적용 협회'의 지도자 위원회와 '과학 뉴욕아카데미'의 자문 위원회에서 활동했다.

충은 지금까지 4권의 책과 200편 이상의 연구논문을 썼다. 또한 폭넓은 공동연구를 통해 수학자, 컴퓨터 과학자, 통계학자, 화학자들과 교류했으며 벨코어에서 많은 연구자에게 조언을 아끼지 않았다. 그리고 4명의 대학원생 박사학위논문을 지도했다. 1998년에 미국 예술과학아카데미는 그녀를 특별 회원으로 선출했다.

정보통신과 교류한 수학자

산업과 학문 양쪽을 오가며 수학자로 지내는 동안 판 충은 조합론, 그래프이론, 통신망, 인터넷 수학에서 새로운 연구 결과를 만들어냈다. 그리고 램지 수를 분석하는 것으로 그래프 색칠하기에 대한 새로운 발견을 이룩했다. 코드분할 다중접속(CDMA)에 관한 부호화 · 복호화 기술은 휴대전화 통화를 효율적이고 안전하게 전달하는 방법을 제공했고, 스타이너 트리의 효율성과 그래프와 통신망을 조작하는 알고리즘의 효율성을 분석했다. 스펙트럼이론과 무작위 그래프에 대한 충의 계속적인 연구는 인터넷과 월드 와이드 웹의 수학적 특징에 대한 깊은 이해를 제공했다.

페르마의 마지막 정리를 증명한 정수론자

앤드류 와일즈

Andrew John Wiles
(1953~)

앤드류 와일즈는 모듈 형태와 타원곡선을 이용하여
페르마의 마지막 정리를 증명했다.

– 데니스 애플화이트

대수적 정수론의 권위자

7년간의 연구 끝에 앤드류 와일즈는 모듈 타원곡선과 관련된 추측을 해결함으로써 페르마의 마지막 정리를 증명했다. 그는 300년 넘게 미해결 문제로 남아 있던 이 정수론 문제를 해결하여 국제적인 명성을 얻게 되었다. 이 유명한 성과를 거두기 이전에는 이와자와이론과 버츠와 스위너톤-다이어 추측에 관한 연구를 통해 대수적 정수론에 중요한 기여를 했다.

수학에 빠진 어린 시절

와일즈는 영국 케임브리지에서 1953년 4월 11일 패트리카 모울^{Patrica} ^{Mowll}과 모리스 프랭크 와일즈 사이에서 태어났다. 그를 비롯한 형제들은 학구적으로 상당히 풍요로운 환경에서 자랐다. 신부였던 그의 아버지는 케임브리지 대학 클레어 칼리지의 학장으로, 런던 킹스 칼리지에서 기독교 교리를 가르치는 교수로, 그리고 옥스퍼드 대학의 신학부 교수와 수사 신부로 일했다.

계산문제 푸는 것을 즐겼던 어린 와일즈는 집에서도 비슷한 문제들을 만들어 풀곤 했다. 그는 10살 때 페르마의 마지막 정리라고 알려진 특별한 문제에 매료되었는데, 그것은 n이 2보다 큰 정수이면 방정식 $x^n + y^n = z^n$을 만족하는 0이 아닌 정수 x, y, z가 존재하지 않는다는 추측을 말한다. 에릭 템플 벨[EricTempleBell]의 저서 〈최후의 문제〉에는 이 유명한 미해결 문제와 300년 역사가 설명되어 있었고, 이 책을 읽은 와일즈는 페르마의 마지막 정리를 해결하겠다고 결심했다.

십대의 와일즈는 고등학교 수학을 이용하여 그 문제에 접근하려고 시도했다. 이 문제에 완전히 매료된 그는 옥스퍼드 대학의 머튼 칼리

지 수학과에 입학해서도 이전 3세기 동안 페르마의 마지막 정리를 해결하기 위해 다른 학자들이 사용했던 수학적인 방법들에 특별한 관심을 쏟으며 더욱 깊게 수학을 연구하기 시작했다.

타원곡선에 관한 연구

와일즈는 1974년 옥스퍼드 대학에서 학사학위를 받은 후 케임브리지 대학의 클레어 칼리지에서 대학원 공부를 시작했다. 대학원 시절인 1975년 영국 대학의 수학 종합시험인 수학 우등 졸업 시험의 Part III를 통과했다. 1977년에 수학 석사학위를 받은 다음에는 클레어 칼리지에서 연구원으로, 그리고 매사추세츠 주의 케임브리지에 있는 하버드 대학에서 조교수로 3년 동안 재직했다. 석사학위를 받기 위해 공부하는 동안 케임브리지 대학 교수인 코츠$^{\text{John Coates}}$의 지도를 받았다. 전공으로 택했던 분야는 대수적 기술을 이용하여 정수의 성질을 연구하는 대수적 정수론으로 그는 페르마의 마지막 정리를 해결하는 데 도움이 될 것이라는 희망을 가지고서 이를 선택했다.

와일즈와 코츠는 계수 a, b, c가 정수인 방정식 $y^2 = x^3 + ax^2 + bx + c$를 만족하는 타원곡선을 공동연구했다. 그 방정식을 만족하는 점 (x, y)의 그래프는 격자^{lattice}라고 알려진 2차원 영역이며, 이것은 또다시 토러스^{torus}라고 알려진 도넛 모양의 곡면으로 변환될 수 있다. 타원곡선을 분석하는 정수론자들은 그것의 방정식을 만족하는 정수 좌표의 점들의 개수를 구하고, 관련된 토러스의 모양을 유지하면서 격자

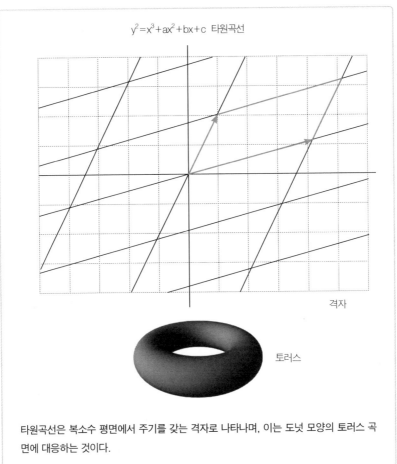

$y^2=x^3+ax^2+bx+c$ 타원곡선

격자

토러스

타원곡선은 복소수 평면에서 주기를 갖는 격자로 나타나며, 이는 도넛 모양의 토러스 곡면에 대응하는 것이다.

모양으로 바꾸는 대수적 방법의 가짓수를 구하고자 했다.

와일즈와 코츠는 연구 초기에는 오스트리아 수학자 에밀 아틴[Emil Artin], 독일 수학자 헬무트 하세[HelmutHasse], 일본 수학자 켄키치 이와자와[KeneichiIwajawa]가 얻은 대수적 구조의 한 유형에 대해 얻은 연산적 결과들을 확장시켰으며, 그것을 더 많은 종류의 구조들로 일반화시켰다. 그들은 1976년 프랑스 캉 대학에서 열린 정수론학회 〈캉에서의 연산의 날〉에서 그들의 초기 연구 결과들이 제시된 논문 〈양의 관계 법칙〉을 발표했다. 와일즈는 1978년 논문 〈고등의 양의 관계 법칙〉에서 그들의 연구에 대한 더 자세한 설명을 제시했고, 이 논문은 〈수학 연보〉에 게재되었다. 관계 법칙에 따르면, 정수의 쌍 p, q에 대해 x^n은 어떤 정수 j와 k가 존재하여 $x^n = p + q \cdot j$와 $x^n = q + p \cdot k$로 나타낼 수 있다. 와일즈와 코츠는 그들의 논문에서 p, q가 좀 더 복잡한 대수적 구조와 연관되어 있을 때의 관계 법칙에 대해 설명했다.

와일즈와 코츠는 타원곡선에 관한 미해결 추측의 일부분을 해결하는 데 그들의 관계 법칙을 적용했다. 임의의 타원곡선 위의 점들은 그것들에 어떤 정수를 곱함으로써 재배열될 수 있다. 유한한 복소수의 집합을 곱함으로써 비슷한 배열이 만들어질 수 있는 경우, 수학자들은 그 타원곡선이 복소수 곱셈을 갖는다고 말한다. 1960년대 영국 수학자 브라이언 버즈$^{Bryan\ Birch}$와 피터 스위너톤-다이어$^{Peter\ Swinnerton-Dyer}$는 타원곡선 위의 점들 중 그 좌표가 분수나 유리수인 점의 개수가 유한개인지 아니면 무한개인지를 결정하는 간단한 방법이 있다는 추측을 제안했다. 와일즈와 코츠는 1977년에 〈수학적 발견〉에 발표한 논문 〈버즈와 스위너톤-다이어의 추측〉에서 복소수 곱셈을 만족하는 타원곡선에 대해 버즈와 스위너톤-다이어의 추측의 일부를 증명했다. 완전한 증명을 완성하지는 못했지만, 여전히 풀리지 않은 이 추측이 2000년 5월 클레이 수학 연구소에서 발표한 7개의 '밀레니엄 문제' 중 하나라는 사실은 그들의 성과가 얼마나 의미 있는 것인지를 말해준다. 클레이 수학 연구소에서는 이것의 완벽한 증명을 제시하는 사람에게 100만 달러의 상금을 주기로 했다.

와일즈는 1980년에 케임브리지 대학에서 〈관계 법칙과 버츠와 스위너톤-다이어의 추측〉이란 제목의 논문으로 박사학위를 받았는데, 이 논문에는 그 추측에 대한 부분적인 해결과 관계 법칙에 대한 초기 논문들에 근거한 연구 결과들이 제시되어 있다. 촉망받는 학자로 인정받은 그는 이후의 6년간의 시간을 독일과 미국, 그리고 프랑스에 있는 6개의 다른 학회에서 보냈다. 1981년에는 독일의 본에 있는 이론 수학 특별 연구소에서 초빙교수로 지냈으며, 1981~1982년에는 뉴저지의 프린스턴에 있는 고등학술연구소^{Institute for Advanced Study, IAS}의 회원으로 임명되었다. 1983년 한 해 동안 오르세에 있는 파리 대학의 초빙교수를 지낸 다음에는 프린스턴 대학 수학과 교수로 임명되었다. 구겐하임 연구비를 받은 그는 1985~1986년에 고등과학 연구소와 정규 우수 대학의 초빙교수로서 파리를 여행할 수 있었다.

모듈 형태와 이와자와 이론

와일즈는 박사학위논문을 완성한 후 그가 페르마의 마지막 정리를 해결하는 데 있어서 어떠한 진척도 이루지 못했음을 깨닫고는 중단하고, 대수적 정수론에 집중하기 시작했다. 그 주제는 바로 모듈 형태와 이와자와 이론으로, 15년이란 긴 시간을 이 연구에 몰두했다. 모듈 형태는 곡선의 격자 모양과 관련된 성질이 잘 드러나는 타원곡선의 한 종류를 말한다. 이와자와 이론은 정수론의 한 영역으로 대수적 수로 알려진 수의 집합과 이와 관련된 대수적 함수로 알려진 함수 집합 사이의 관계를 밝히기 위해 1950년대에 이와자와가 도입한 기술을 사용하는 이론을 말한다.

모듈 형태와 이와자와 이론에 관한 와일즈의 논문들 중 가장 중요한 의미를 갖는 것은 미국 수학자 배리 메이저[Barry Mazur]와 공동 집필한 〈Q의 아벨 확장 유체〉이다. 1984년에 〈수학적 발견〉에 실린 이 논문에는 모든 유리수의 집합과 관련된 수 범위에 대해 이와자와 이론의 중심 추측이 증명되어 있다. 이 추측은 대수적 수 범위와 관련된 두 대상, $p-$진체($p-$adic) 제타 함수와 이와자와 모듈 사이에 밀접한 관계가 있음을 주장한 것이다. 이 논문은 특정한 수 범위에 대해 최초로 그 추측을 완벽하게 증명한 것이기 때문에 의미 있는 성과라 할 수 있었다. 1990년 〈수학 연보〉에 게재된 와일즈의 논문 〈실수체계에서의 이와자와 추측〉은 이와자와 이론의 그 추측을 실수 범위에 대해 증명한 것이었다.

와일즈의 이와자와 이론의 중심 추측에 대한 연구와 버츠와 스위너톤-다이어의 추측에 관한 그의 초기 연구 결과들은 대수적 정수론에 많은 기여를 했다. 1988년 런던 수학회는 그에게 40세 이전에 중요한 성과를 이룬 영국 수학자들에게 주는 화이트헤드 상을 수여했다. 와일즈는 영국으로 돌아가 1988년부터 1990년까지 옥스퍼드의 왕립협회 교수로 지냈으며, 이 기간 동안 그 협회의 회원으로 선출되기도 했다. 이듬해 프린스턴 대학에서 지냈으며, 프린스턴 대학의 수학과로 다시 복귀하기 전인 1991~1992년에는 고등학술연구소(IAS)에서 초빙연구원으로 지냈다.

페르마의 마지막 정리를 증명하다

1986년부터 1993년까지, 와일즈의 수학 연구는 단 하나의 문제에 집중되어 있었다. 그것은 바로 페르마의 마지막 정리였고, 이 기간 동안 적은 수의 논문을 발표했지만 사실 1986년 이전에 이 논문들을 위한 연구를 마친 상태였으며, 많은 시간을 필요로 하는 한 문제에 그의 모든 노력을 기울이고 있다는 사실을 숨기기 위해 주기적으로 그의 연구 결과들을 발표하는 중이었다. 수업이 없을 때에는 자택의 다락방에 있는 허름한 사무실에서 혼자 지내며 연구에 몰두했다. 그가 페르마의 마지막 정리를 해결하려고 노력 중이라는 사실은 오직 그의 부인 나다[Nada]와 동료인 프린스턴 수학과 교수 니콜라스 케이츠[Nicolas Katz]만이 알고 있었다. 그는 그 문제에 모든 시간과 에너지를 소비하면서 하루하루를 보냈다. 가끔은 세 딸들과 함께 놀아 주면서 기분전환을 하기도 했다.

'지수 n이 2보다 큰 정수이면 방정식 $x^n + y^n = z^n$은 정수해를 갖지 않는다'는 페르마의 마지막 정리는 17세기의 프랑스 수학자 페르마가 증명을 해보라고 제시했던 많은 명제들 중 하나였다. 페르마가 죽은 후 150년 동안 수학자들은 그의 다른 주장들을 증명하거나 증명할 수 없음을 밝혔지만, 이 문제만큼은 최후의 미해결 문제로 남게 되었다. 19세기 중반까지 프랑스의 연구원들은 200보다 작은 모든 지수에 대해 페르마의 마지막 정리의 특별한 경우를 증명했으나, 단지 n이 3, 4, 5, 7, 14인 경우에 대해서만 완벽하게 증명할 수 있었다. 1976년 수학자들은 125,000보다 작은 모든 지수에 대해 페르마의 방정식이 정수해를 갖지 않음을 보였다. 6년 후에는 컴퓨터 프로그램의 도움으로 4,000,000보다 작은 지수에 대해 정수해가 존재하지 않음을 증명했다.

와일즈가 페르마의 마지막 정리에 완전히 몰두하게끔 만든 것은 미국 수학자 리벳$^{Kenneth Ribet}$의 1986년 논문으로, 이것은 타원곡선에 대한 이전의 추측과 페르마의 마지막 정리를 관련지어 설명한 것이었다. 1955년 일본 수학자 타니야마 유타카$^{Taniyama Yutaka}$와 시무라 고로$^{Shimura Goro}$는 유리수 계수를 갖는 모든 타원곡선은 모듈이라는 추측을 제안했다. 리벳은 0이 아닌 정수 a, b, c에 대해 $a^n + b^n = c^n$이 성립하면 타원곡선 $y^2 = x(x - a^n)(x + b^n)$은 모듈이 아니라는 것을 보임으로써 페르마의 마지막 정리를 타원곡선과 관련지었다. 이 결과는 만약 타니야마−시무라의 추측이 참이면 페르마의 방정식을 만족하는 세 수 a, b, c와 리벳의 모듈이 아닌 타원곡선은 존재하지 않음을 의미한다.

1993년에 와일즈는 7년간의 연구 끝에 타니야마−시무라의 추측을 증명했다. 그는 준안정적 타원곡선[semistable elliptic curve] 연구에 초점을 두었는데, 이것은 소수와 관련된 특별한 세 개의 근을 갖는 타원곡선을 말한다. 갈루아 표현법[Galois representation], 헤케 대수, 판별식, j−불변식을 이용하여, 그는 모든 준안정적 타원곡선이 모듈임을 증명했다. 그 결과는 $a^n + b^n = c^n$을 만족하는 a, b, c가 존재하지 않음을 의미하는 것이었다. 왜냐하면 $a^n + b^n = c^n$이면 타원곡선 $y^2 = x(x - a^n)(x + b^n)$은 준안정적이지만, 모듈은 아니므로 모순이 되기 때문이다.

1993년 6월 23일 와일즈는 영국 케임브리지의 뉴턴연구소에서 열린 작은 세미나에서 연구 결과를 발표했다. 모든 준안정적 타원곡선들은 모듈이며, 이 결과는 페르마의 마지막 정리가 증명됨을 의미하는 것이라고 발표하자, 그곳의 청중이었던 200명의 수학자들은 모두 일어서서 그에게 갈채를 보냈다. 어느 한 수학자가 그의 증명에 아주 미묘한 실수가 있다는 것을 발견하기 전까지 그의 발표는 국제과학계에 커다란 흥분을 일으켰다. 이후 15개월 동안 와일즈는 제자였던 리차드 테일러[Richard Taylor]와 함께 다른 방법을 사용하여 증명의 일부를 수정함으로써 그 오류를 정정하고자 했다. 와일즈의 수정된 증명은 1995년 5월 109 페이지나 되는 논문 '모듈 타원곡선과 페르마의 마지막 정리'로 〈수학 연보〉에 실렸다. 이 잡지에는 와일즈와 테일러가 공동 집필한 48쪽짜 리 기사 '헤케 대수의 환−이론적인 성질'도 함께 실렸다.

와일즈의 성과가 갖는 의의는 3세기 이상 미해결 문제로 남아 있던 정리를 증명했다는 것에 그치지 않았다. 그의 증명은 랭글란즈 프로그 램^{Langlands Program}을 부분적으로 실현한 것이었다. 랭글란즈 프로그램은 캐 나다 수학자 로버트 랭글란즈^{Robert Langlands}에 의해 1960년대부터 시작된 것으로 서로 관련이 없어 보이는 수학 분야들 사이에 일관된 관련이 있 음을 보이고자 한 노력의 하나이다. 그의 성공에 힘을 얻어 다른 수학 자들은 수학의 다른 분야에서 제기된 고전적인 추측들과 미해결 문제 들을 해결하는 데 있어서 현대의 대수 기하학적인 방법들을 적용하기 시작했다.

페르마의 마지막 정리를 증명한 와일즈는 많은 상을 받았고, 수학자 로서 더 높은 명성을 얻게 되었다. 1993년 〈사람들^{People}〉은 그를 그해 의 가장 흥미로운 인물 25명 중 한 사람으로 선정했다. 이듬해 프린스 턴 대학에서는 그에게 수학과의 유진 히긴스 교수직을 주었고, 미국 예 술과학아카데미^{American Academy of arts and Sciences}는 회원으로 선출했다. 1995년 에는 스웨덴 왕립과학협회와 사바티에 대학으로부터 각각 수학 부문의 스코크 상과 페르마 상을 받았다. 또한 1996년에는 울프 상과 런던 왕 립협회로부터 왕립협회상^{Royal Medal}을 받았으며, 같은 해에 미국 과학협 회(NAS)의 외국인 회원으로 임명되었고, 수학부문 NAS 상을 받았다.

그는 미국 수학협회(AMS)의 요청으로 1996년 미국 수학협회의 100번째 여름 세미나에 참석했으며, 1997년에는 정수론 부문의 프랭크 넬슨 콜 상을 받았다. 이 외에도 국제수학연합은 1998년 필즈상 수여식에서 그의 성과를 인정하여 그에게 특별한 은 브로치를 수여했으며, 1999년에는 클레이 수학 연구소가 클레이 연구상을 수여했다. 페르마의 마지막 정리에 관한 그의 업적은 1997년 공영방송협회가 〈The Proof(증명)〉이라는 제목으로 다큐멘터리를 제작했다.

일즈는 여러 상을 받음으로써 동료들에게 인정받았을 뿐만 아니라 상당한 액수의 상금도 받았다. 그가 1997년에 받은 볼프스켈 상은 독일 수학자 볼프스켈[Paul Wolfskehl]이 페르마의 마지막 정리를 최초로 완벽하게 증명하는 사람에게 줄 상금으로 괴팅겐 대학에 10만 마르크를 기증함으로써 1908년에 제정된 상이다.

맥아더 재단은 1997년부터 2002년까지 그를 회원으로 임명하고 회원을 위한 장학금으로 매년 6만 달러씩을 지급했다. 또한 1998년에 파이살 국제과학상을 수상함으로써 20만 달러의 상금과 금메달을 받았으며, 2005년 홍콩의 쇼우상 재단[Shaw Prize Foundation]으로부터 쇼우상과 100만 달러의 상금도 함께 받았다.

페르마의 마지막 정리 이후의 연구

와일즈는 페르마의 마지막 정리를 증명한 이후에도 프린스턴 대학의 수학과 교수로서 가르치는 일과 연구하는 일을 계속하고 있다. 1995년부터 2004년까지는 고등학술연구소의 수학과 교수로 임명되었으며, 1998년부터는 7개의 유명한 미해결 문제를 해결하는 사람 각각에게 100만 달러의 상금을 주는 클레이 수학연구소의 과학자문위원회의 일을 돕고 있다. 와일즈는 12명의 대학원생들의 박사과정 연구를 지도해왔으며, 여러 곳의 초대에 응하여 수학에 관한 그의 업적과 견해에 대해 강의를 해오고 있다. 이러한 강의들 중 대표적인 것은 1998년 베를린에서 열린 국제 학술대회에서의 '정수론의 20년'으로, 여기에서 그는 정수론에 관한 최근 연구 결과들을 전체적으로 다루어 발표했다.

2001년 프랑스 수학자 브뢰유[Christophe Breuil]와 와일즈의 지도로 박사과정을 밟았던 콘래드[Brian Conrad], 다이아몬드[Fred Diamond], 테일러[Taylor]는 타니야마-시무라의 추측을 완전히 해결함으로써 모든 타원곡선이 모듈임을 증명했다. 비록 이 공동연구에 와일즈가 직접적으로 참여한 것은 아니지만, 그들의 연구를 보면 와일즈가 준안정적인 경우에 대해 제시한 초기 증명에서 도입했던 것과 같은 전략과 방법들이 이용되었다.

와일즈는 계속하여 대수적 정수론을 연구했으며, 그의 또 다른 지도 학생인 스키너[Chris Skinner]와 함께 1997년과 2001년 사이에 발표한 논문들에는 모듈 형태의 성질에 관한 연구 결과들이 잘 나타나 있다. 그들의 논문인 '일반적인 표현과 모듈 형태'는 1997년에 미국 과학협회의 회보에 실렸는데, 여기에는 특정한 형태의 곡선들이 모듈임을 증명하기 위해 이와자와 이론에 관한 초기 연구에서 사용된 방법들이 이용되었다. 또한 2000년에 고등과학연구와 수학 출간물 연구소에서 발표한 그들의 논문 '등종으로 변형하는 표현과 모듈 형태'에는 모듈 형태를 이용하여 메이저와 프랑스 수학자 장마르크 폰테인Jean-Marc Fontaine이 제기한 추측을 해결하는 새로운 방법들이 제시되어 있다. 그들의 가장 최근 두 논문에는 모듈 형태와 관련된 새로운 방법과 추가적인 연구 결과들이 소개되어 있다. 하나는 2001년 〈듀크 수학 잡지〉에 실린 〈기본적인 변화와 세르의 문제〉이고, 다른 하나는 같은 해 말쯤 툴루즈 대학의 과학과에서 정기적으로 출간하는 수학 관련 간행물 〈툴루즈, 과학과, 수학 정기 간행물〉에 〈변형이 불가능한 등종 표현의 정규적인 변형〉이란 제목으로 실렸다.

수학계의 숙원을 풀다

앤드류 와일즈는 타원곡선과 관련된 버츠와 스위너톤-다이어 추측의 일부와 모듈 형태와 관련된 중요한 이와자와의 추측을 증명함으로써 대수적 정수론에 중요한 기여를 한 인물이다. 연구에만 몰두한 7년 동안, 제한적이기는 하나 준안정적인 타원곡선에 대한 타니야마-시무라의 추측의 일부를 증명하는 데 성공했다. 이 결과는 3세기 이상 동안 수학자들이 해결하고자 했던 수론 문제인 페르마의 마지막 정리가 증명됨을 의미하는 것이었다.

웨이블릿으로 이미지 모델링을 한 수학자

잉그리드 도비치

Ingrid Daubechies
(1954~)

도비치는 전기 신호와 이미지를 저장하고 분석하는
효과적인 기술의 하나인
도비치 웨이블릿을 소개한 수학자이다.

– 데니스 애플화이트

Wavelets

웨이블릿을 도입한 수학자

도비치는 수학적 함수를 기본적인 파동 형태의 합으로 표현하는 쉬운 계산 방법 중 하나인 도비치 웨이블릿을 소개한 수학자이다. 도비치 웨이블릿과 쌍대직교 웨이블릿은 지문 저장, 이미지 처리, 신호 분석을 위해 전기 신호와 디지털 형식의 이미지를 감지하는 효과적인 방법을 마련해 주었다. 그녀는 지금도 수학자, 과학자, 엔지니어, 생체의학 연구자들과 함께 연구하면서 웨이블릿의 새로운 활용 방안을 개발 중이다.

물리학을 전공하다

도비치는 1954년 8월 17일에 벨기에 동부 지역의 작은 탄광 마을인 호틀렌에서 태어났다. 아버지는 탄광에서 일하는 토목기사였고, 어머니는 경제학을 전공했다. 훗날 그녀의 어머니는 범죄학 학사학위를 받고 폭력 가정의 아이들을 돌보는 사회복지사로 일했다. 그녀의 부모님은 불어와 독어를 모두 사용했지만, 도비치와 오빠는 모국어인 독어를 배웠다. 어렸을 적의 도비치는 뜨개질과 도자기 제작, 독서, 기계 수리를 즐겼다. 어떤 수의 각 숫자들의 합이 9로 나누어 떨어지는 경우 그 수 또한 9로 나누어 떨어진다는 규칙을 알아낸 것과 암산으로 $2^1=2$, $2^2=4$, $2^3=8$, $2^4=16$,…과 같은 2의 거듭제곱을 계산해 낸 것을 보면 어렸을 때부터 연산에 많은 관심을 보였음을 알 수 있다. 그녀는 초중고 시절 수학과 과학 수업에서 우수함이 가장 돋보이는 학생들 중 하나였다.

도비치는 고등학교 졸업 후 브뤼셀 자유대학에 입학했다. 그녀는 수학 공부에 대한 자신의 흥미와 엔지니어가 되기를 희망하는 어머니의 바람, 과학자가 되도록 용기를 준 아버지의 격려 사이에서 고민한 끝에 물리학을 전공으로 택했다. 대학 입학 후 처음 2년간은 교양과목은 전혀 듣지 않은 채 집중적으로 여러 개의 수학

과 수업을 들었으나, 마지막 2년 동안에는 대부분 물리학 수업과 실험 강좌를 들었다. 물리학 학사학위를 받고 대학을 졸업한 것은 1975년이 었다.

양자물리학 연구

도비치는 학사를 마친 이후의 5년 동안 브뤼셀 자유대학에서 이론물리학 박사학위를 받기 위해 공부를 계속했다. 그녀는 대학원생 연구원으로서 매주 8시간에서 10시간은 물리학과 학부생들을 위한 문제 풀이수업을 해야 했다. 이것은 비교적 가벼운 수업이었기 때문에 그녀는 원자와 전자, 그리고 다른 미시적 대상들을 연구하는 이론 물리학 분야인양자역학 연구에 많은 시간을 할애할 수 있었다. 그녀의 초기 관심은양자, 전자 등의 원자 구성 요소인 아원자^{亞原子} 입자들의 운동을 묘사하거나 운동량을 결정하는 함수를 찾는데 있었다. 처음 연구논문인 〈복소해석적 양자화를 위한 고차미분의 응용〉은 1978년에 잡지 〈수리 물리학〉에 게재되었는데, 이것은 결정함수와 그것들의 미분계수의 위상적성질을 다룬 논문이다.

대학원 시절, 도비치는 동기인 디데릭 아츠$^{Diederik\ Aerts}$와 함께 힐베르트공간에서의 양자물리학의 응용에 관한 5권의 연구논문을 발표했다. 여기서 힐베르트 공간이란 벡터로 알려진 대상들을 내적에 의해 결합시킬 수 있는 수학적 구조를 말한다. 그들의 공동연구논문 중 하나인 〈두양자체계를 결합된 하나의 체계로 나타내기 위해 텐서곱을 사용하는 물리적 근거〉는 1978년에 스위스의 물리학 잡지인 〈힐베티아 물리학 연구〉에 실렸다. 이 논문에서 그들은 두 물리 체계가 양자물리학에서의 복합 체계의 구성 요소라면 그 복합 체계의 힐베르트 공간은 그것의 두 부분 체계의 힐베르트 공간의 텐서곱임을 증명했다. 그들은 다른 논문에서도 같은 주제에 대한 이와 관련된 견해들을 논했다.

도비치는 1980년 벨기에 물리학자 장 라이그너$^{Jean\ Reignier}$와 프랑스 물리학자 알렉산더 그로스만$^{Alexander\ Grossmann}$의 지도로 학위논문 〈해석함수의 힐베르트 공간에서의 핵에 의한 양자역학 연산의 표현〉을 쓰고 물리학 박사학위를 받았다. 이 박사학위논문은 양자역학과 고전역학 사이의 대응을 확립하는데 적용이 가능한 수학적 도구인 연접 대수식의 성질들을 분석한 것이었다. 또한 이 논문에는 아원자 입자들의 위치와 운동량을 결정하는 힐베르트 공간에서의 위치함수를 만드는 방법도 제시되어 있다.

도비치는 브뤼셀 자유대학의 연구조교의 자리를 받아들이기는 했지만, 1981년부터 1983년까지 뉴저지에 있는 프린스턴 대학과 뉴욕 대학의 수리과학연구소의 연구원으로 일하기 위해 휴가를 얻었다. 그녀는 이론 물리학에 관한 연구를 계속하고 여러 편의 개인 논문과 몇몇의 연구 동료들과 함께 공동 논문을 썼다. 이 기간 동안의 대표적 성과는 1984년 〈수리물리학 정보〉에 실린 개인 논문 〈상대론적인 운동에너지를 가진 단전자 분자: 이산스펙트럼의 성질〉이다. 그녀는 이 논문에서 미립자의 행동 특성을 설명해 주는 함수들의 고유값과 다른 수적인 특징들을 분석했다.

1984년 도비치는 물리학 부문의 루이스 엠파인 상^{Louis Empain Prize}을 받았는데, 이 상은 5년에 한 번씩 두드러진 과학적 업적을 이룬 29세 이하의 벨기에 과학자들에게 수여하는 상이다. 수상을 한 논문의 제목은 〈연접 대수식을 사용한 적분변환에 의해 연구된 바일의 양자화〉였다. 그녀는 박사학위논문에서 미립자의 위치와 운동량을 결정하기 위해 힐베르트 공간에서의 함수들의 사용을 설명했었는데, 이것을 확장시켜 얻은 결과들을 정리한 것이 바로 수상 논문이었다. 이 해에 도비치는 브뤼셀 자유대학의 연구교수로 승진하게 되었다.

1984년에서 1987년 사이 도비치는 미국 수리 물리학자 존 클라우더^{John Klauder}와 함께 경로 적분의 구조와 양자 입자들에 의해 이동된 거리를 계산하는 방법을 분석했다. 그들은 이 과정에서 미국 수학자 노버트 위너^{Norbert Wiener}가 이전에 소개한 평균 경로 방법을 사용했다. 그들의 공동연구 결과는 1984년 논문 〈모든 다항 해밀턴연산자에 대한 위너의 방법을 이용한 양자역학 경로 적분〉과 1985년 논문 〈모든 다항 해밀턴연산자에 대한 위너의 방법을 이용한 양자역학 경로적분 II〉을 통해 발표되었다.

도비치 웨이블릿

도비치는 1985년부터 좀 더 복잡한 함수를 구성하는 데 기초가 되는 초등수학적 함수인 웨이블릿을 연구하기 시작했다. 파동 형태를 나타내기 위한 이 새로운 기술에 관심을 갖기 시작했을 때, 도비치는 뉴저지의 머레이힐에 있는 벨 연구소의 수학 연구센터의 기술연구원으로 일하기 위해 벨기에를 떠났다. 벨 연구소에서의 그녀의 업무는 신호 처리를 위한 수학적 기술의 개발과 분석으로 이 일은 전기 또는 전자 신호를 전송하고 처리하며 저장하고 복구하는 응용수학의 한 분야이다. 그리고 이 해에 벨 연구소에서 함께 근무하던 영국 수학자 로버트 칼더뱅크[A. Robert Calderbank]와 결혼했다.

함수를 더 간단한 요소들의 합으로 표현하고자 하는 아이디어는 19세기 초에 그와 비슷한 아이디어를 창안한 프랑스 수학자 푸리에의 업적에 근거한 것이다. 푸리에 급수는 과학자들과 엔지니어들로 하여금 소리의 파동과 다른 주기 함수들을 기본적인 사인[sinine]과 코사인[cosine]함수의 무한합으로 표현하는 것을 가능하게 했다. 1909년 헝가리 수학자 알프레드 하르[Alfred Haar]는 오늘날 하르 웨이블릿이라고 알려진 기본적인 함수들을 소개했는데, 수학자들은 이를 이용하여 복잡한 함수들을 짧은 양과 음의 파동의 합으로 근사하게 나타낼 수 있었다. 영국 수학자 존 리틀우드[John Littlewood]와 레이몬드 팔레이[Raymond Paley]는 1930년대에 소리 파동을 나타내는 옥타브에 의한 진동수를 분류함으로써 이 방법을 개선했다. 그리고 1940년대에는 헝가리 수학자 데니스 가보르[Dennis Gabor]가 시간 주파수들의 패킷으로 파동을 분리시키는 가보르 변환을 도입했다.

1980년대까지 수학자, 과학자, 엔지니어들은 함수들을 표현하는 추가적인 기술들을 개발했는데, 특히 전기 신호와 주기를 갖는 파동의 형태들을 더욱 간단한 요소들의 합으로 나타내는 기술을 개발하는 데 주

력했다. 하지만 그들이 개발한 기술들 중 어떤 것도 특별한 분야 이외로는 폭넓게 활용되지 못했다.

1980년대의 네 명의 과학자는 체계를 갖춘 웨이블릿의 일반이론을 발전시켰다. 지하의 석유 탐지를 위해 지지파 기술을 개선하고자 했던 지질학자 장 모를렛$^{Jean\ Morlet}$에 의해 웨이블릿의 개념이 창안되었다. 그에 따르면 웨이블릿은 일정한 형태를 갖는 기본적인 함수들로서 그것들은 이동하거나 확장시켜도 또는 축소시켜도 원래의 형태를 유지한다. 1984년 그로스만과 모를렛은 측정이나 계산에서 작은 오차가 있는 경우에도 함수를 일정한 형태의 웨이블릿으로 나눌 수 있고, 또한 매끄러운 신호로 함수를 재구성할 수도 있음을 확인했다. 물리학자 마이어$^{Yves\ Meyer}$는 각각의 웨이블릿이 모든 다른 웨이블릿에 의해 얻은 정보들과는 독립적인 정보를 나타낸다는 직교 웨이블릿 체제를 도입함으로써 그들의 성과를 개선시켰으며, 1986년에는 컴퓨터 과학자 맬라트^{Stéhane} ^{Mallat}가 웨이블릿의 계산 과정을 각각의 신호의 작은 부분들의 평균과 차를 계산하는 것으로 변형시켰다.

1987년 2월에서 3월 사이 도비치는 오늘날 도비치 웨이블릿으로 알려진 정규직교 웨이블릿을 개발했다. 그것은 유한길이$^{compact\ support}$ 성질을 갖는 새로운 이론으로, 여기서 유한길이란 각각의 웨이블릿이 유한 구간에서만 0이 아닌 값을 갖는다는 것을 의미한다. 또한 '정규직교'는 각각의 웨이블릿이 독립적으로 함수의 다른 형태를 나타내며 모든 웨이블릿이 일정한 크기를 갖는다는 것을 의미한다. 그녀는 1987년 프랑스 마르세유에서 열린 웨이블릿과 그것의 응용에 관한 국제 워크숍

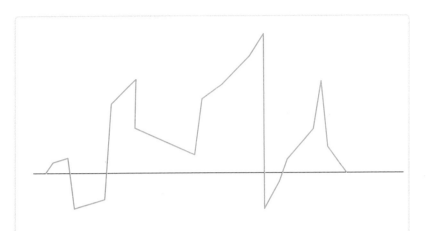

전형적인 도비치 웨이블릿은 울퉁불퉁한 모양과 잦은 급격한 상승이 나타나는 불규칙한 형태의 곡선이다. 소리 파동은 원래의 파동의 각기 다른 부분을 포착한 이러한 기본적인 곡선들의 합에 의해 효과적으로 재생될 수 있다.

에서 〈유한 구간에서의 정규직교 웨이블릿〉이라는 제목의 논문을 통해 자신의 생각을 소개했다. 1998년에 잡지 〈순수수학과 응용수학에 관한 커뮤니케이션〉에 게재된 그녀의 87쪽짜리 논문 〈Compact support 성질을 갖는 정규직교 웨이블릿〉은 그녀의 새로운 이론에 관한 자세한 설명을 담고 있다. 이 논문을 통해 많은 수학자, 과학자, 엔지니어들은 다양한 활용을 위해 웨이블릿을 쉽게 사용할 수 있게 되었다.

도비치 웨이블릿은 이전에 소개된 모든 웨이블릿들보다 훨씬 더 유용하게 만드는 많은 흥미로운 성질들을 갖고 있다. 그것은 컴퓨터의 디지털 필터링 기술의 실현을 가능하게 했다. 각각의 웨이블릿은 불규칙적으로 들쭉날쭉한 곡선이지만 도비치 웨이블릿의 합으로 만들어진 신호는 상당히 매끄러우며, 그것들은 파동의 정규직교적인 집합이기 때문에 파동의 특징들을 중복되지 않게 효과적으로 감지한다. 도비치 웨이블릿은 푸리에 변환과 같이 시간을 많이 들이는 기술인 원래의 함수로부터 정보를 얻은 다음 그것을 나타내는 것이 아니었다. 이것은 유한 길이 성질을 갖는 함수이기 때문에 더 간단한 방법으로 함수의 작은 부분으로부터 정보를 얻어 그것을 나타낼 수 있었다.

도비치의 1998년 논문의 뒷부분에는 도비치 웨이블릿의 합으로 함수를 표현하는 방법에 대한 자세한 정보를 제공하는 계수들의 표가 제시되어 있다. 이 실제적인 정보는 엔지니어들로 하여금 디지털 형태의 전기신호들을 처리하는 데 있어서 즉시 그녀의 아이디어를 적용하는 것을 가능하게 했다. 그들은 파동 형태의 모든 성질들을 계수들의 이산 집합으로, 좀 더 자세히 말하자면 원래의 웨이블릿과 비교하거나 복사하여 이동시킴으로써 곡선을 복원하는 방법을 제공하는 집합으로 집약할 수 있었다.

디지털 이미지 압축

도비치는 1990년대에 산업적인 환경에서 벗어나 학구적인 환경으로의 변화를 겪었다. 1994년까지 벨 연구소의 기술연구원으로 남아 있긴 했으나, 1990년에는 미시건 대학에서 6개월의 휴가를 보냈으며, 1991년에서 1993년까지는 뉴저지의 뉴브런즈윅에 있는 럿거스 대학에서 수학과 교수로서 학생들을 가르쳤다. 1992년에는 《웨이블릿 10강》이란 책을 출간했는데, 이것은 웨이블릿이론의 가장 최근의 발전 상황을 되짚어보고 신호 처리, 이미지 처리, 수치해석과 같은 실질적인 문제에 이 이론이 어떻게 적용되는지를 설명한 책이다. 이 책은 미국 수학협회의 수학 박람회에서 1994년 리로이 스틸즈 상$^{Leroy\ P.\ Steels\ Prize}$을 수상했으며, 출간 즉시 웨이블릿 주제에 관한 기본적인 참고문헌으로 인정받기 시작했다.

도비치는 미국 전역을 돌며 수학자와 과학자들을 대상으로 웨이블릿에 관한 강의를 했다. 1992년 1월에 메릴랜드의 볼티모어에서 열린 미국 수학협회(AMS)와 미국 수학연합회(MAA), 그리고 산업 응용수학회(SIAM)의 공동 연례회의에 초대된 그녀는 '수학과 공학에 파동을 일으킨 웨이블릿'이라는 제목으로 강연을 했다. 미국 수학협회(AMS)는 '엄선된 수학 강의' 시리즈 중 하나로 웨이블릿의 역사를 다룬 이 강연을 비디오테이프로 출시했다. 1992년에는 국제 과학협회(NAS)가 후원한 최첨단 과학 심포지엄에서 그녀는 논문 〈웨이블릿과 신호 분석〉를 통해 웨이블릿이 전자 파동의 표현, 전송, 복구에 어떻게 사용되는지를 설

명했다. 그리고 1992년 6월 매사추세츠의 노스 앤도버에 있는 메리멕 칼리지에서 열린 미국 수학연합회(MAA)의 북동부지역 모임에서의 강연 '웨이블릿: 시간 주파수 분석 도구'와 텍사스의 샌안토니오에서 열린 미국 수학협회(AMS)의 컨퍼런스 '웨이블릿에 관한 여러 관점'에서의 강연 '웨이블릿 변형과 웨이블릿 정규직교 기저'을 통해 웨이블릿의 특별한 응용을 설명했다.

도비치는 웨이블릿의 응용을 확장시킨 부가적인 기술들을 개발했다. 1992년 그녀는 프랑스 수학자 코엔[Albert Cohen], 페뷰[Jean-Christophe Feauveau]와 함께 공동으로 집필한 논문 〈유한길이 웨이블릿의 쌍대직교 기저〉를 〈순수수학과 응용수학에 관한 커뮤니케이션〉를 통해 발표했다. 이 논문에서 그들은 서로 직교하는 파형들의 두 집합을 이용하여 2차원 이미지를 표현하는 기술을 소개했다. 이때 사용된 파형들의 집합 중 하나는 이미지 분해를 위한 것이며, 다른 하나는 이미지 결합을 위한 것이다.

채 1년이 지나지 않아 미국연방수사국(FBI)과 로스앨러모스 국립연구소의 연구원들은 디지털 저장과 지문 인식 시스템 개발을 위해 이 기술을 사용했다. 웨이블릿 스칼라 양자화(WSQ)방법을 이용하면 세밀한 지문의 이미지를 아무런 손실 없이 20분의 1의 비율로 압축할 수 있다. 1993년 미국 연방수사국은 2억 개의 지문 자료를 저장하고 일치시키는 데 이 방법을 채택했으며, 이를 통해 정보 저장을 위해 필요한 공간의 93%를 절약하는 효과를 얻었다.

바이오 의약분야의 연구원들은 도비치의 기술을 사용하여 심전도, 뇌파도, 단층촬영과 같은 이미지 설비들의 신호를 처리하고 분석했다. 적은 양의 데이터를 얻거나 전송하는 과정에서 웨이블릿이 변조되어 손상되는 일은 없기 때문에 웨이블릿에 기초를 둔 이미지들은 해부학적으로 좀 더 신뢰성 높은 표현을 제공한다. 또한 웨이블릿에 기초를 둔 이미지들은 기형이나 질병을 암시하는 흔적들을 분석하는 것과 같이 적은 정보를 효과적으로 처리하는 데 있어서 상당히 효율적이다.

도비치, 코엔, 페뷰에 의해 도입된 쌍대직교 기저는 이미지를 처리하는 가장 일반적인 웨이블릿이 되었다. 생체의학과 지문 분석에서의 그것들의 사용과 더불어 다른 분야의 연구원들은 비행기 날개 주위의 공기 흐름이나 원자로에서 전기 작용으로 분출된 가스의 경로, 여러 개의 관을 통해 움직이는 물의 흐름과 같은 격한 상태에서의 의미 있는 패턴을 발견하는 데 도비치 웨이블릿과 쌍대직교 기저 웨이블릿을 사용하고 있다.

지질학자들은 암석을 통과한 웨이블릿에 기초를 둔 소리 파동의 이미지를 이용하여 물질의 구성 성분을 분석하고 석탄이나 소금, 석유가 매장된 곳을 탐지한다. 영화제작자들이 만화영화 캐릭터를 제작할 때나 음악 연구가들이 불안정한 녹음테이프에서 잡음을 제거할 때에도 웨이블릿이 사용된다. 이미지 처리 분야에서 일하는 연구원들은 2000년에 웨이블릿을 이용하여 JPEG 파일과 같은 디지털 이미지를 저장하는 새로운 기술을 개발했다.

폭넓게 영향을 미친 웨이블릿에 관한 도비치의 연구는 그녀를 유명인사로 만들었다. 1992년에 맥아더 장학금 대상자로 선정되어 5년 동안 매년 연구 활동비로 60,000달러씩을 받았으며, 그 이듬해에는 미국 예술과학아카데미의 회원으로 선출되었다. 1997년 미국 수학협회 (AMS)는 웨이블릿과 그것의 응용에 관한 그녀의 선구적인 업적을 인정하여 수학 부분의 루스 리틀 새터 상$^{Ruth Lyttle Satter Prize}$을 수여했다. 국제과학협회(NAS)는 1998년에 그녀를 회원으로 임명하고 2000년에 수학 부분의 NAS 상을 수여했으며, 1998년에는 미국 전자전기공학협회 (IEEE)가 회원으로 임명하고 기술적 혁명에 대한 미국 전자전기 공학 협회(IEEE) 정보이론 협회 50주년 상을 수여했다. 또한 1998년에 국제 광학엔지니어협회 상을 받았고, 1999년에는 네덜란드 예술과학아카데미의 외국인 회원으로 선출되었다. 또한 2000년에는 웨이블릿을 고안하고 그것의 수학적 진보와 응용에 기여한 것을 인정받아 에드워드 라인 기금$^{Eduard Rhein Foundation}$으로부터 기초 연구상을 받았으며, 미국 수학연합회(MMA)의 2001 얼 레이몬드 헤드릭 강연자로 선정되기도 했다.

파동 표현에 관한 지속적인 연구

도비치와 프랑스 수학자 제퍼드$^{Stephane Jeffard}$, 주르네$^{Jean-Lin Journe}$는 푸리에 급수의 일부 장점과 웨이블릿의 이점을 결합시킨 새로운 파동 분석 도구를 개발했다. 1991년 그들은 수학적 분석에 관한 잡지 〈시암 (SIAM)〉에 발표한 논문 〈기하급수적인 감소가 나타나는 윌슨의 정규직교 기저〉에서 시간이 흐름에 따라 값이 감소되면서 그 진폭이 줄어드는 사인과 코사인으로 표현된 정규직교 함수 집합을 소개했다. 그들의 방법은 시간주파수 분석과 여러 개의 변수들의 함수에 대한 미분을 포함한 방정식인 편미분방정식의 수치해석을 위한 표준 도구로서 빠르게 자리 잡았다.

1994년 도비치는 뉴저지 프린스턴 대학의 수학과와 그 대학의 응용 계산수학 프로그램(PACM)의 담당 교수가 되었다. 1997년부터 2001년까지 그녀는 학부생과 대학원생 중 선발된 그룹을 대상으로 집중 응용 수학 코스를 지도했으며, 2004년부터는 프린스턴의 윌리엄[William R. Kenan, Jr.]교수로서 석좌제도에 의한 연구 지원을 받고 있다.

현재 그녀는 프린스턴 대학에서 학부생과 대학원생을 가르치고 박사 과정에 있는 학생들의 연구를 지도하며, 연구원이나 동료들의 박사과정 이후의 연구 과정을 함께 하고 있다. 또한 유치원생들을 위해 현재 12개 등급으로 되어 있는 응용수학을 반영한 새로운 교육 과정을 개발하는 데 참여 중이다.

최근과 현재에 이루어지고 있는 연구를 통해 도비치는 웨이블릿의 응용 범위를 새로운 영역에까지 확장시켜가고 있다. 1996년에 IBM의 과학자인 스테판 마아스[Stephane Maes]와 함께 〈의학과 생물학 분야에서의 웨이블릿〉의 '청각신경 모델에 근거한 지속적인 웨이블릿의 변형에 의한 비선형적 압축'이라는 제목의 장을 공동 집필하기도 했다. 그들의 공동연구는 인간의 듣기 과정을 표현한 모델에 웨이블릿 기술을 적용한 것이었다.

2002년 도비치와 코엔은 브루클린 과학기술 전문대학 출신의 공학 기사인 굴러루즈[Onur Guleryuz]와 라이스 대학의 오차드[Michael Orchard]와 함께 〈웨이블릿을 기반으로 한 비선형적 근사치와 부호화 방식의 결합의 중요성〉이라는 논문을 정보처리이론 잡지인 〈IEEE〉에 게재하기도 했다. 이 논문은 데이터를 전송하는 디지털 신호에 대한 웨이블릿의 확장이 가장 큰 계수들 중 단 하나의 제한된 숫자에 의해서만 이루어지는 경우의 그 장점과 단점을 설명하고 있다. 그녀는 앨버타 대학 출신의 수학자 빈 한[Bin Han], 위스콘신 메디슨 대학 출신의 컴퓨터 과학자 아모스 론[Amos Ron], 싱가포르 대학 출신의 수학자 인 주웨이 셴[Zuowei Shen]과 함께 집필한 논문 〈프레임렛: 웨이블릿 프레임을 기반으로 한 다중해상도 분석[Framelets: MRA-Based Constructions of Wavelet Frames]〉을 2004년에 〈응용계산수학의 조화 분석〉이라는 학술지에 발표했다. 이것은 웨이블릿 시스템에서 특정한 형태로 나타나는 독립적 요소인 프레임렛이 어떻게 다중해상도 분석을 수행하는지에 대한 체계를 설명하고 있다. 다른 공학자와 과학자들은 도비치의 연구를 파열에 의한 충격파를 분석하고 단일 전송선에서 나온 다중 신호를 부호화하며, 이를 좀 더 효율적인 기상 예보 시스템을 개발하는 데 적용하려는 시도를 하고 있다.

도비치는 100여 개가 넘는 양자역학과 웨이블릿에 대한 연구논문을 집필하고 학생들의 박사과정연구를 지도하고 있을 뿐만 아니라 학술지, 위원회 그리고 전문학회에서의 연구를 통해 수학적 공동체를 위해 이바지하고 있다. 학술지 〈응용계산수학의 조화 분석〉의 공동 편집장이며 10여 개의 다른 학술지의 편집국의 일원으로서 그녀는 수학과 과학과 관련된 연구들을 검토하고 추후의 연구 향방을 결정하도록 돕고 있다. 도비치는 전미 수학위원회와 유럽 응용수학위원회에 참여하고 있다. 그녀는 AMS, MAA, SIAM, IEEE와 여성수학협회까지 총 다섯 개협회의 회원이다.

도비치 웨이블릿이 끼친 영향

도비치 웨이블릿이라고 알려진 '유한길이 정규직교 웨이블릿의 개념의 도입'은 신호와 이미지 처리 과정에 대한 이해와 계산이 용이한 도구를 제공해 주었다. 그녀의 획기적인 논문과 우수한 저서들은 관련 주제에 대한 참고 문헌으로 가장 많이 읽혀지고 있다. 도비치 웨이블릿과 그 이후에 발표된 쌍대직교 웨이블릿의 도입은 효율적인 저장과 처리, 지문, 동적 이미지, 전자 신호, 생물의학적 이미지, 지진파 그리고 음악 기록에 대한 분석을 가능하게 해 주었다.

암호를 만드는 새로운 알고리즘 개발자

사라 플래너리

Sarah Flannery

〈1982~〉

플래너리는 메시지를 암호화하는
효과적인 알고리즘을 개발했다.

– 시옹 토이

과학계의 혜성

16세의 고등학생이던 플래너리는 디지털 방식의 메시지를 암호화하고 복호화하는 새로운 알고리즘을 개발했다. 그녀는 일반적인 RSA 암호 체계보다 그녀의 기술이 훨씬 더 빠르다는 것을 입증한 연구 성과로 국가과학경연대회와 국제과학경연대회에서 수상했다. 그녀는 현재 수학 소프트웨어의 개발 연구원으로 일하고 있다.

퍼즐 맞추기

플래너리는 수학자 아버지와 생물학자 어머니 사이에서 1982년 1월 31일, 아일랜드 컨트리 코크의 블라니^{Blarney} 마을에서 태어났다. 그녀와 네 명의 남동생들은 코크공과 대학에서 5마일 정도 떨어진 시골 농장에서 자랐는데, 아버지는 그 대학의 수학과 교수였고, 어머니는 미생물학 강의를 하는 강사였다. 그녀는 6년 동안 그 지역의 여자 초등학교를 다니고, 이후 6년 동안은 블라니에 있는 남녀공학의 중등학교를 다녔다.

플래너리가 어렸을 적, 아버지는 부엌에 매달아 놓은 칠판에 퍼즐을 적고는 그녀와 남동생들에게 풀어 보라고 했다. 그녀가 5살 때 풀었던 퍼즐 중 하나는 19ℓ 들이 물병과 11.4ℓ 들이 물병을 이용하여 15.2ℓ 들이 물을 측정하는 방법을 묻는 것이었다. 30m 깊이의 웅덩이에 빠진 토끼가 낮 동안 3m를 오르고 밤사이에는 2m를 미끄러진다고 할 때 토끼가 그 웅덩이를 완전히 빠져 나오려면 며칠이 걸리는지를 묻는 퍼즐도 있었다. 이 외에도 사자, 염소, 양배추를 가지고 강을 건너야 하는 농부와 관련된 문제, 점점 거리가 가까워지고 있는 두 열차 사이에서 왔다갔다하고 있는 파리와 관련된 문제, 산을 오르락내리락하는 원숭이

와 관련된 문제, 달리기 경주를 하고 있는 세 선수와 관련된 문제 등이 있었다.

그녀는 추론을 통해 답을 얻을 수 있는 특별한 퍼즐에 흥미를 보였는데, 그것은 바로 1, 2, 3, …, 9를 써 넣는 3×3 마방진이었다. 이 퍼즐은 세 개의 열과 세 개의 행, 그리고 각각의 대각선의 합이 모두 같아지게끔 각각의 칸에 1부터 9까지의 숫자를 넣는 퍼즐이다. 9개의 칸에 숫자들을 배열할 수 있는 362,880가지의 모든 가능한 방법들을 직접

2	9	4
7	5	3
6	1	8

플래너리의 아버지가 그녀와 남동생들에게 풀어 보라고 했던 수학 퍼즐 중 하나는 각각의 열, 행, 대각선에 놓인 숫자들의 합이 모두 같아지도록 3×3 모눈종이의 각각의 칸에 1부터 9까지의 숫자들을 넣는 것이었다. 위 그림은 3×3 마방진의 8개의 해 중 하나이다.

해보는 대신, 플래너리는 오직 8개의 해가 있다는 것과 하나의 해를 간단히 변화시켜 모든 경우를 만들 수 있다는 것을 논리적으로 추론했다. 각각의 숫자는 9개의 칸에 정확히 한 번씩만 써야 하기 때문에, 세열의 합은 $1+2+3+\cdots+9=45$이다. 그녀는 각각의 열, 행, 대각선의 합이 모두 같으려면 15가 되어야 한다고 결론을 내리고, 합이 15가 되는 서로 다른 세 수들의 8가지 조합을 만들었다. 마방진의 중심에 있어야 하는 숫자는 4개의 합의 조합(하나의 행, 하나의 열, 그리고 두 대각선)에 포함되어 있어야 하고, 5가 이러한 조건을 만족하는 유일한 수이기 때문에 가장 가운데 칸에는 5를 써 넣어야 한다는 것을 알았다. 그리고 짝수 2,

4, 6, 8은 합이 15인 세 숫자들의 조합에 각각 3번씩 나타나고, 홀수 1, 3, 7, 9는 각각 2번씩 나타나기 때문에 짝수들은 마방진의 모서리 부분에 놓여야 하고, 홀수들은 모서리 부분이 아닌 나머지 네 칸에 놓여야 한다는 것을 추론했다. 그 다음 분석을 통해 8개의 해 중 4개는 숫자들의 배열이 같은 마방진을 네 번 회전시킴으로써 얻을 수 있고, 나머지 4개는 먼저 얻은 4개의 해를 뒤집음으로써 얻을 수 있다는 것을 알았다.

마방진과 다른 퍼즐을 해결하면서 논리와 수학을 익힌 플래너리는 문제를 해결하고, 추상적으로 사고하는 기술을 발전시켜 나갔다. 다양한 전략으로 그녀의 방법을 설명하고 창조적인 해결 방법을 개발함으로써 도전 과제에 대한 자신감은 점차 커져갔다. 퍼즐을 푸는 것 이외에도 농구, 축구, 장거리 경주$^{cross-country\ running}$, 하키와 같은 팀 스포츠나 보트, 피아노 연주, 피리 연주와 같은 개인적인 활동들도 즐겼다. 승마에도 욕심이 많아 그녀의 말 클라이디^{Clydie}와 함께 점프 경연대회에 참가하기도 했다.

과학 전람회에 참가하기 위한 암호 작성 프로젝트

1997년 10학년이었던 플래너리는 남은 2년간의 고등학교 과정을 마치기 전, '과도기의 해$^{transition\ year}$'에 참가하기로 결정했다. '과도기의 해'란 일 년 동안 프로젝트를 하며 공부하는 기간을 말하는데, 이 프로젝트에 대해서는 별도의 시험을 치르지 않는다. 그녀와 학급 친구들은 크리스마스 카드와 장식품을 만들어 판매하는 회사를 설립하고 회사 주식을 매각한 다음, 그들이 만든 것을 판매하고 이익을 창출한 후 회사의 문을 닫았다.

야외 교육 시설에서 지내는 동안 그녀의 그룹은 살아남기 위한 기술, 설정된 목표물을 지도와 컴퍼스를 사용하여 단시간에 찾아내는 스포츠인 오리엔티어링, 등산할 때 줄에 매달려 하강하는 기술인 라펠링을 배웠다. 또 다른 프로젝트에서는 전문 모델 수업을 받은 후 패션쇼를 기획하고, 직접 모델이 되어 보는 기회를 가지기도 했다.

수학에 대한 관심을 잃지 않았던 그녀는 코크 대학에서 고등학교 학생들을 대상으로 하는 '수학을 풍부하게 익히는 과정'이란 제목의 토요일 아침 프로그램을 신청했다. 또한 일주일에 한 번 자신의 아버지가 강의하는 코크 공과대학의 학점 없는 '수학적인 여행' 수업을 들었고, 이를 통해 좀 더 수준 높은 수학을 경험할 수 있었다.

플래너리가 과도기의 해 기간 동안 가장 많은 시간을 투자했던 활동은 메시지를 암호화하고, 복호화하는 것을 공부하는 암호 작성에 관한 과학전람회 프로젝트였다. 스스로 연구하여 얻은 정보와 아버지의 수업에서 배운 아이디어들을 결합하여 술어학과 고전 암호와 현대 암호의 기본적인 아이디어들을 설명하는 프로젝트를 개발했다. 그리고 2000년 전 로마 군대가 공개키 암호 방식을 사용했던 시저 암호에서부터 20세기 후반에 개발된 암호 기술까지 모두 설명했다. 20세기 후반의 기술 중에는 암호문을 보내는 사람이 그것을 해독하는 방법을 드러내지 않은 채 메시지를 암호화하는 데 사용하는 과정을 공개하는 암호화 방법도 있었다. 평문에서 암호문을 만드는 과정과 암호문을 원래의 메시지로 복호화하는 과정을 실제로 해 보기 위해 매스매티카[Mathematica] 라는 소프트웨어를 이용하여 랩톱 컴퓨터에서의 여러 가지 암호화 방법을 실험해 보았다.

1998년 1월에 플래너리는 아일랜드의 전기통신 회사들과 인터넷 회사인 Esat 텔레콤 사가 후원하는 국가적 행사의 하나인 Esat 젊은 과학자 및 기술 박람회에 참가하기 위해 더블린의 볼스브리지에 있는 왕립 더블린협회에 갔다. 그녀가 '암호 작성법-비밀의 과학'이란 제목으로 출품한 기술은 개인 중등 수학, 물리학, 화학 부문에서 1등을 차지했을 뿐만 아니라 같은 부문에서 디스플레이 상과 인텔 우수상도 받았다. 그녀는 인텔 우수상 수여로 그동안 듣고 있던 코크 대학 토요일 강의에서 암호 작성법에 대한 짧은 강연을 했고, 포트워스와 텍사스에서 컴퓨터 회사인 인텔사가 후원하는 5월, 인텔 국제과학기술박람회에 아일랜드 대표로 출전하게 되었다.

케일리-퍼서 암호 작성 알고리즘

1998년 4월 플래너리는 더블린에 본사를 둔 정보보안 회사인 볼티모어 테크놀로지의 일주일 동안의 연수에 참가했는데, 이것은 고등학교에서 마련한 '과도기 해'또 다른 필수 과정이었다. 볼티모어의 암호 연구가 윌리엄 화이트[William Whyte]는 그녀에게 그 회사의 창립자이면서 사장인 마이클 퍼서[Michael Purser]의 발표되지 않은 논문을 보여 주었다. 퍼서는 논문에서 복소수를 4차원으로 일반화시킨 4원수를 사용하여 디지털 서명을 암호화하는 방법을 제안했다. 플래너리는 3일 만에 대학 수준의 고등 수학을 익힌 다음 알고리즘의 이론적 기초를 마련하고, 그 체계의 실행을 선보였다.

일주일 간의 연수를 마친 후, 플래너리는 퍼서의 아이디어를 확장시켜 음이 아닌 정수들로 이루어진 2×2 행렬을 이용한 암호화 방법을 개발했다. 그녀의 방법에 기초가 되는 것은 100자리 이상의 큰 두 소수 p와 q를 선택하고, 그것들의 곱 $n = p \cdot q$를 계산하는 것이다. 모든 연산은 모듈 n에 의해 이루어졌는데, 이것은 연산의 결과가 0과 $n-1$ 사이의 정수값을 갖는다는 것을 의미한다. 그리고 $A \cdot C \neq C \cdot A$를 만족하는 한 쌍의 행렬 A와 C를 정의한 다음, 알고리즘에서 다양한 기능을 하는 행렬 B, D, E, G, K를 계산했다. 암호화하기 이전의 메시지의 네 개의 문자를 타나내는 원소를 갖는 2×2 행렬 p에 대해, 그녀의 알고리즘은 암호화된 암호문 행렬 $S = K \cdot P \cdot K$를 만들어낸다. 보내는 사람이 암호문 행렬들과 보조 행렬 E를 보내면, 받는 사람은 행렬 E와 C를 이용하여 암호를 해독할 수 있는 키 L을 만들고 간단한 연산 $P = L \cdot S \cdot L$을 함으로써 각각의 암호문 행렬을 판독할 수 있다.

플래너리의 알고리즘은 세계적으로 3억 개 이상의 컴퓨터 시스템에 이용되고 있는 상업적 공개키 암호 체계인 RSA 알고리즘과는 근본적으로 다르다. RSA 방법은 1977년 암호 연구가 로날드 리베스트[Ronald Rivest], 아디 샤미르[Adi Shamir], 레오나드 애들만[Leonard Adleman]에 의해 개발된 것으로, 이들은 당시 케임브리지의 MIT 학생들이었다. 그들의 암호화 방법 또한 큰 두 개의 소수의 곱에 기초를 두지만 메시지를 암호화하고, 복호화하는 과정에서는 행렬의 곱이 아닌 거듭제곱이 사용된다. 세 사람은 곱 $n = p \cdot q$와 $m = (p-1) \cdot (q-1)$을 계산한 다음, $c \cdot d = 1 \pmod{m}$인 두 양의 정수 p, q를 결정했다. 여기서 $c \cdot d = 1 \pmod{m}$은 어떤 정수 k에 대해 $c \cdot d = 1 + m \cdot k$임을 의미한다. 각각의 2×2 평문 행렬 P에 대해, 알고리즘은 거듭제곱의 과정을 거치거나 반복된 곱셈을 통해 암호화된 암호문 행렬 $S = P^c$를 만들어낸다. 받는 사람은 연산 $P = S^d$를 함으로써 각각의 암호문 행렬을 판독하게 된다. 두 알고리즘 모두 200자리의 수 n을 소인수분해하여 큰 소수들의 곱으로 바꾸는 것이 어렵다는 점에서 강력한 암호 작성 방법이라 할 수 있다.

플래너리는 알고리즘을 더욱 완벽하게 하기 위해 소인수분해와 행렬의 근을 구하는 진보된 기술들, 역행렬을 구하는 방법, 모듈 연산의 성질, 군, 환, 유한체와 같은 수학적 구조를 다룬 학술 잡지의 기사를 읽었다. 더욱이 수학 소프트웨어인 매스매티카^{Mathematica}를 이용하여 연구 분야에 적용할 수 있는 알고리즘과 RSA 알고리즘을 실행하는 각각의 컴퓨터 프로그램을 작성했다. 두 프로그램을 이용하여 독일계 미국 시인인 어먼^{Ehrmann}의 12장짜리 시 '소망^{Desiderate}'을 암호화하고 복호화한 다음 실행 시간을 비교해본 결과, 그녀의 알고리즘이 더 빠르다는 것을 알아냈다. 그녀의 암호키와 암호문은 RSA 알고리즘을 이용한 것보다는 8배 이상 길었지만, 행렬의 거듭제곱이 아닌 행렬의 곱을 이용한 처리 과정은 필요한 계산의 양을 상당히 줄여 주었다. 그러나 알고리즘의 안전성을 증명할 수 없었다. 다시 말하자면, 그 알고리즘을 이용하여 암호화된 메시지가 판독 행렬을 알지 못한 상태에서는 해독이 불가능하다는 것을 확신할 수 없었던 것이다. 하지만 다양한 노력으로 그 알고리즘은 유용한 암호 작성법이 되었다.

1998년 5월, 일주일간 열린 인텔 국제과학기술박람회에서 플래너리의 수정된 프로젝트는 미국 수학회(AMS)로부터 멩거$^{\text{Karl Menger}}$ 3등상과 수학 부분의 그랜드 4등상을 받았으며, 인텔 특별상을 수상하여 2,000달러를 상금으로 받았다. 박람회가 끝난 후, 그녀는 행렬 대수를 개발한 19세기의 영국 수학자 케일리$^{\text{Arthur Cayley}}$와 그녀가 2×2 행렬에 대해 적용한 4원수에 기초한 암호 체계를 제안한 퍼서에게 존경을 표하는 의미로 자신의 알고리즘에 케일리-퍼서(CP)란 이름을 붙였다.

아일랜드의 젊은 과학자

1998년 가을, 플래너리는 아버지의 '수학적인 여행' 수업을 다시 들었고, CP 알고리즘을 좀 더 보완했다. 컴퓨터 프로그램을 개선하여 200자리에서부터 300자리까지의 정수를 범위로 하는 모듈러에 대해 CP와 RSA 알고리즘을 실행해 보았다. 그 실행을 통해 CP가 RSA보다 22배에서 30배 정도 빠르다는 것이 확인됐다. 그녀는 1999년 1월에 열린 Esat 젊은 과학자들 및 기술 박람회에서 프로젝트와 50쪽 분량의 보고서 '암호 작성법-RSA 대 새로운 알고리즘'을 발표했고, 이 프로젝트로 물리학, 화학, 수학 부문에서 1등을 차지했다. 또한 그 박람회의 종합 우수상을 수상했으며, 1999년도 아일랜드의 젊은 과학자로 선정되었다. 시상식에서 아일랜드의 수상 버티 아헌^{Bertie Ahern}은 은 트로피와 상금 1,000파운드(약 1,400달러)를 상금으로 주었다. 그녀는 그해 가을에 박람회의 1등 수상자로서 그리스의 테살로니키에서 열린 젊은 과학자들을 위한 유럽 공동체 경연 대회에 아일랜드 대표로 참가하기 위해 일주일간 여행을 떠났다.

플래너리의 성과는 널리 알려졌고, 그와 더불어 명성 또한 높아졌다. 그녀는 박람회가 끝난 이후 3주 동안 지역과 나라, 그리고 국제적인 신문, 잡지, 라디오, 텔레비전 프로그램의 기자들과 무려 300번의 인터뷰를 했다. 코크 시장은 그 달의 코크 시 인물로 그녀를 지명했고, 정보기술박람회의 주최자인 IT@Cork 사는 그녀에게 랩톱 컴퓨터를 선물했

다. 그녀는 아일랜드 대통령 메리 매컬리스$^{\text{Mary McAlese}}$를 만나기도 했다. 또한 코카콜라 광고에 출연해 달라는 제의를 받았으나 거절했다. 하지만 '멋진 스파이스—팝 가수들은 아일랜드의 수재에겐 소녀의 힘이 있다고 생각한다'란 제목으로 그녀에 대한 기사를 싣기 위해 예능 잡지에서 제안한 그룹 가수 스파이스 걸스를 위한 상업광고의 출연은 받아들였다. 몇몇의 대중매체 기자들은 그녀를 천재라고 보도하면서 은행이나 회사, 정부 청사에서 그녀의 새로운 알고리즘을 사용하기 시작하면 곧 부자가 될 거라고 예견했다. 오랜 고민 끝에 그녀는 대학의 교수직이나 사업 계약과 같은 수많은 제안을 거절하고, 그녀의 알고리즘에 대해 특허권을 포기하기로 결정했다.

플래너리는 수많은 대학의 수학 또는 컴퓨터 동아리 학생들의 수학 세미나와 모임에서 CP 알고리즘을 강의해 달라는 초대를 받았으나 대부분 거절했으며, 공개적으로 강연을 약속한 것은 단 세 번뿐이었다. 국립과학능력연구대회의 폐막식에서의 강연과 고등학생 그룹에게 네 번의 강연을 해 주기 위해 싱가포르에 간 것이 처음이었다. 그 다음은 IBM 사의 후원으로 이탈리아 밀라노에서 열린 여성을 위한 지도자 컨퍼런스에서의 강연으로, 여기서 그녀는 200여 명의 경영진으로 구성된 청중들 앞에서 자신의 프로젝트를 설명했다. 그녀의 마지막 강연은 더블린의 드럼컨드라^{Drumcondra}에 있는 패트릭 대학에서 열린 더블린 수학교사협회의 연례회의에서의 강연이었다.

대중매체의 보도는 플래너리의 알고리즘의 안정성에 관한 정밀한 검사에 초점을 맞추었다. 그녀가 여러 유형의 공격에 맞서 알고리즘을 성공적으로 검사해 오긴 했지만, 암호화 체계가 충분히 안전한 것으로 받아들이기에 필요한 과정을 여러 명의 동료들이 정밀하게 살펴본 적은 없었다. 그녀의 보고서를 읽은 후, 암호를 전공한 어느 수학자는 누구나 공개적으로 이용하는 알고리즘의 일부분을 사용하여 암호문을 해독하기 위한 행렬을 만드는 것이 가능하다는 결정적인 결함을 발견했다. 플래너리는 퍼서, 화이트와 함께 그 결함을 분석하고 그것이 수정 불가능하다는 결론을 내렸다. CP 알고리즘은 효과적인 개인키 알고리즘으로, 공개키 암호 체계로는 분류될 수 없었다.

플래너리는 7, 8월에 걸쳐 4주간을 독일 뵐링엔에 있는 IBM 개발연구소의 스마트 카드부서에서 보냈다. 이 연수 기간 동안 그녀는 자바 언어를 사용하여 스마트 카드와 플라스틱 카드 프로그램을 만들었다. 스마트 카드나 플라스틱 카드는 신용카드와 비슷한 것으로 마이크로프로세서 칩이 장착되어 있어 정보가 저장·처리되는 동안 정보를 수정하는 것이 가능하다. 전화, 운송, 은행 업무, 의료 산업에 사용되어 온 이러한 카드들은 간단한 마그네틱선 기술을 사용하는 카드들보다 좀더 정교하고 안전해진 형태로 만들어졌다.

플래너리는 1999년 9월에 테살로니키에서 열린 유럽 공동체의 젊은 과학자 경연대회에 참가하여 프로젝트를 시연했다. 그녀의 10쪽짜리 요약 보고서 '암호 작성법 : RSA와 비교한 새로운 알고리즘 연구'는 두 알고리즘의 구조와 처리 방법을 비교한 것으로, 그녀의 CP 알고리즘이 공개키 암호 체계가 되기에는 부족한 수학적 결함을 설명하는 부록이 포함되어 있다. 1999년에는 이 경연 대회에서 유럽의 젊은 과학자란 명

칭의 세 개의 1등상 중 하나를 받았고, 상금으로 5,000유로(약 6,000달러)를 받았다. 12월에는 다른 수상자들과 함께 일주일 동안 스웨덴의 스톡홀름을 방문하여 노벨상 시상식과 젊은 과학도 세미나에 참석했다.

대학 생활과 직장 생활

플래너리는 2000년에 고등학교를 졸업한 후에 영국 케임브리지 대학 피터하우스 칼리지의 컴퓨터 과학과에 입학했다. 대학 생활을 마침과 동시에 그녀는 아버지와 함께 CP 알고리즘과 네 번의 과학경연대회에서의 경험을 책으로 썼다. 《암호─수학적인 여행》이란 제목의 이 책에는 그녀가 풀었던 몇 개의 퍼즐과 암호학과 관련된 기초적인 수학도 소개되어 있다. 미국 판이 발매된 2001년 여름, 그녀는 미국의 8개 도시에서 강연을 했다.

플래너리는 2003년 케임브리지에서 컴퓨터과학 학사학위를 받았고, 매스매티카^{Mathematica} 소프트웨어를 생산하는 회사인 울프람 연구소의 과학정보그룹의 연구원이 되었다. 그녀는 《과학의 새로운 분야》의 저자이자 울프람 연구소의 설립자이기도 한 울프람$^{\text{Steven Wolfram}}$이 후원하는 젊은 과학자들을 위한 프로그램인 2003 NKS 여름학교에 참가했다.

재능 있는 젊은 과학자들을 위한 프로그램이 진행되는 동안, 그녀는 '셀 방식의 자동 장치 699927번에 대한 연구와 다른 오락거리들!'이란 제목의 프로젝트를 완성했다. 그녀는 이웃한 셀들의 상태와 관련된 간단한 규칙들을 반복하여 적용시킴으로써 셀들이 직사각형 모양의 격자

칸에서 일어나는 패턴을 연구했다.

플래너리는 울프람 연구소의 연구원으로서 전문적인 계산 소프트웨어 개발과 회사의 교육적 복지 프로그램을 조정하는 일을 하고 있다. 2005년 8월에는 호주 시드니의 맥쿼리 대학에서 '매스매티카^{Mathematica}를 이용한 수학과 과학 탐험'이란 제목의 강연을 했으며, 같은 해 11월에는 '교수와 연구에서의 매스매티카^{Mathematica}의 이용'이란 제목의 연속 강의를 하기도 했다.

플래너리는 케일리-퍼서 암호 작성 알고리즘을 개발하고 분석하여 국가 과학경연대회에서만이 아닌 국제대회에서도 여러 차례 수상했다. 그녀는 자신의 암호화와 복호화 방법이 상업적 공개키 암호 체계인 RSA보다 20배 정도 빠르다는 것을 입증했으며, 또한 그것이 결점이 있다고 지적받을 만한 수학적 근거를 설명했다. 케임브리지 대학을 졸업한 그녀는 현재 울프람 연구소에서 수학 소프트웨어를 개발하고 있다.

이미지 저작권

표지

아이작 뉴튼 동상 © Vysotsky | wikimedia

존 콘웨이 © Konrad Jacobs | wikimedia

앤드류 와일즈 © Klaus Barners | wikimedia

스티븐 호킹 © Intel Free Press | wikimedia

143 © Klaus Barner | wikimedia